百年大计　教育为本

数控机床运动控制技术

主　编　田春娥　金　玉
参　编　谢　凯　臧敏娟　庄云峰　杨鹏飞
主　审　邵泽强

北京理工大学出版社
BEIJING INSTITUTE OF TECHNOLOGY PRESS

内容简介

本书以零基础为起点,强调对数控机床运动控制安装、调试技能的培养,注重可操作性和实用性,并加入了团队合作的学习操作内容,符合现代社会企业工匠人才的需求目标。

本书按项目制组织,全书由5个项目组成,主要内容包括:数控机床进给电动机驱动控制、数控机床主轴电动机驱动控制、CNC装置电气装调、数控机床刀架系统电气控制、数控机床辅助系统控制。内容贴合实际,易于操作实施,通过项目把数控机床运动控制进行切块,并在项目内部进一步细化成若干任务,在任务中通过图形引导学生进行调试分析,让学生掌握数控机床运动分析的思路,提高学生进行独立分析调试的能力。

本书既可作为高等学校、技工学校、职业学校机电一体化专业、数控技术专业教学用书,也可作为企业职工培训教材。

版权专有　侵权必究

图书在版编目(CIP)数据

数控机床运动控制技术／田春娥,金玉主编. —北京:北京理工大学出版社,2020.6（2020.7重印）

ISBN 978-7-5682-8524-7

Ⅰ.①数… Ⅱ.①田…②金… Ⅲ.①数控机床-运动控制-教材 Ⅳ.①TG659

中国版本图书馆 CIP 数据核字（2020）第 093126 号

出版发行 / 北京理工大学出版社有限责任公司	
社　　址 / 北京市海淀区中关村南大街 5 号	
邮　　编 / 100081	
电　　话 /（010）68914775（总编室）	
（010）82562903（教材售后服务热线）	
（010）68948351（其他图书服务热线）	
网　　址 / http://www.bitpress.com.cn	
经　　销 / 全国各地新华书店	
印　　刷 / 唐山富达印务有限公司	
开　　本 / 787 毫米 × 1092 毫米　1/16	
印　　张 / 16	责任编辑 / 梁铜华
字　　数 / 399 千字	文案编辑 / 梁铜华
版　　次 / 2020 年 6 月第 1 版　2020 年 7 月第 2 次印刷	责任校对 / 周瑞红
定　　价 / 49.80 元	责任印制 / 李志强

图书出现印装质量问题,请拨打售后服务热线,本社负责调换

江苏联合职业技术学院院本教材出版说明

　　江苏联合职业技术学院自成立以来，坚持以服务经济社会发展为宗旨、以促进就业为导向的职业教育办学方针，紧紧围绕江苏经济社会发展对高素质技术技能型人才的迫切需要，充分发挥"小学院、大学校"办学管理体制创新优势，依托学院教学指导委员会和专业协作委员会，积极推进校企合作、产教融合，积极探索五年制高职教育教学规律和高素质技术技能型人才成长规律，培养了一大批能够适应地方经济社会发展需要的高素质技术技能型人才，形成了颇具江苏特色的五年制高职教育人才培养模式，实现了五年制高职教育规模、结构、质量和效益的协调发展，为构建江苏现代职业教育体系、推进职业教育现代化做出了重要贡献。

　　我国社会的主要矛盾已经转化为人们日益增长的美好生活需要与发展不平衡不充分之间的矛盾，因此我们只有实现更高水平、更高质量、更高效益、更加平衡、更加充分的发展，才能全面实现新时代中国特色社会主义建设的宏伟蓝图。五年制高职教育的发展必须服从服务于国家发展战略，以不断满足人们对美好生活需要为追求目标，全面贯彻党的教育方针，全面深化教育改革，全面实施素质教育，全面落实立德树人根本任务，充分发挥五年制高职贯通培养的学制优势，建立和完善五年制高职教育课程体系，健全德能并修、工学结合的育人机制，着力培养学生的工匠精神、职业道德、职业技能和就业创业能力，创新教育教学方法和人才培养模式，完善人才培养质量监控评价制度，不断提升人才培养质量和水平，努力办好人民满意的五年制高职教育，为决胜全面建成小康社会、实现中华民族伟大复兴的中国梦贡献力量。

　　教材建设是人才培养工作的重要载体，也是深化教育教学改革、提高教学质量的重要基础。目前，五年制高职教育教材建设规划性不足、系统性不强、特色不明显等问题一直制约着内涵发展、创新发展和特色发展的空间。为切实加强学院教材建设与规范管理，不断提高学院教材建设与使用的专业化、规范化和科学化水平，学院成立了教材建设与管理工作领导小组和教材审定委员会，统筹领导、科学规划学院教材建设与管理工作，制定了《江苏联合职业技术学院教材建设与使用管理办法》和《关于院本教材开发若干问题的意见》，完善了教材建设与管理的规章制度；每年滚动修订《五年制高等职业教育教材征订目录》，统一组织五年制高职教育教材的征订、采购和配送；编制了学院"十三五"院本教材建设规划，组织18个专业和公共基础课程协作委员会推进了院本教材开发，建立了一支院本教材开发、编写、审定队伍；创建了江苏五年制高职教育教材研发基地，与江苏凤凰职业教育图书有限公司、苏州大学出版社、北京理工大学出版社、南京大学出版社、上海交通大学出版社等签订了战略合作协议，协同开发独具五年制高职教育特色的院本教材。

　　今后一个时期，学院将在推动教材建设和规范管理工作的基础上，紧密结合五年制高职教育发展新形势，主动适应江苏地方社会经济发展和五年制高职教育改革创新的需要，以学院 18 个专业协作委员会和公共基础课程协作委员会为开发团队，以江苏五年制高职教育教材研发基地为开发平台，组织具有先进教学思想和学术造诣较高的骨干教师，依照学院院本教材建设规划，重点编写和出版约 600 本有特色、能体现五年制高职教育教学改革成果的院本教材，努力形成具有江苏五年制高职教育特色的院本教材体系。同时，加强教材建设质量管理，树立精品意识，制订五年制高职教育教材评价标准，建立教材质量评价指标体系，开展教材评价评估工作，设立教材质量档案，加强教材质量跟踪，确保院本教材的先进性、科学性、人文性、适用性和特色性建设。学院教材审定委员会将组织各专业协作委员会做好对各专业课程（含技能课程、实训课程、专业选修课程等）教材出版前的审定工作。

本套院本教材较好地吸收了江苏五年制高职教育最新理论和实践研究成果，符合五年制高职教育人才培养目标定位要求。教材内容深入浅出，难易适中，突出"五年贯通培养、系统设计"专业实践技能经验的积累，重视启发学生思维和培养学生运用知识的能力。教材条理清楚、层次分明、结构严谨、图表美观、文字规范，是一套专门针对五年制高职教育人才培养的教材。

学院教材建设与管理工作领导小组
学院教材审定委员会
2017 年 11 月

序 言

2015年5月，国务院印发关于《中国制造2025》的通知，通知重点强调提高国家制造业创新能力，推进信息化与工业化深度融合，强化工业基础能力，加强质量品牌建设，全面推行绿色制造及大力推动重点领域突破发展等，而高质量的技能型人才是实现这一发展战略的重要途径。

为全面贯彻国家对于高技能人才的培养精神，提升五年制高等职业教育机电类专业教学质量，深化江苏联合职业技术学院机电类专业教学改革成果，并最大限度地共享这一优秀成果，学院机电专业协作委员会特组织优秀教师及相关专家，全面、优质、高效地修订及新开发了本系列规划教材，并配备了数字化教学资源，以适应当前的信息化教学需求。

本系列教材所具特色如下：

● 教材培养目标、内容结构符合教育部及学院专业标准中制定的各课程人才培养目标及相关标准规范。

● 教材力求简洁、实用，编写上兼顾现代职业教育的创新发展及传统理论体系，并使之完美结合。

● 教材内容反映了工业发展的最新成果，所涉及的标准规范均为最新国家标准或行业规范。

● 教材编写形式新颖，教材栏目设计合理，版式美观，图文并茂，体现了职业教育工学结合的教学改革精神。

● 教材配备相关的数字化教学资源，体现了学院信息化教学的最新成果。

本系列教材在组织编写过程中得到了江苏联合职业技术学院各位领导的大力支持与帮助，并在学院机电专业协作委员会全体成员的一致努力下顺利完成了出版任务。由于各参与编写作者及编审委员会专家时间相对仓促，加之行业技术更新较快，教材中难免有不当之处，敬请广大读者予以批评指正，在此一并表示感谢！我们将不断完善与提升本系列教材的整体质量，使其更好地服务于学院机电专业及全国其他高等职业院校相关专业的教育教学，为培养新时期下的高技能人才做出应有的贡献。

江苏联合职业技术学院机电协作委员会
2017年12月

前　　言

"数控机床运动控制技术"是职业教育数控技术专业的一门专业平台课程。通过本课程的理论学习和项目训练，能说出常用数控机床的主轴、刀架、进给系统基本结构及其运动控制技术，具备数控机床运动控制部分安装、调试与维护的基础能力；能培养遵守操作规程、安全文明生产的良好习惯；具有严谨的工作作风和良好的职业道德。

教材内容的选取和结构安排是以职业教育学生的学情为依据，遵循学生知识与技能形成规律和学以致用的原则，突出学生职业能力训练。理论知识的选取紧紧围绕完成工作任务的需要，同时又充分考虑了职业教育对理论知识学习的要求，融合了相关职业岗位对从业人员的知识、技能和态度的要求。教材项目选取是以数控车床的典型故障为突破点，凸显代表性和典型性，内容由浅入深、循序渐进、重点突出地介绍了数控机床电气故障诊断与维修技术的基础知识和技能，便于实施理实一体化和项目化教学，充分体现"做中学、学中做"的职业教学特色。

本书以企业岗位要求为本位，以"工作任务"为驱动进行编写，并让学生更易学习。本书共由5个项目21个任务组成，每个任务都体现了数控机床运动控制安装调试过程。

本书由连云港工贸高等职业技术学校的田春娥、金玉担任主编，无锡机电高等职业技术学校的邵泽强担任主审。参与本书编写的还有江苏省惠山中等专业学校的谢凯、臧敏娟、庄云峰，连云港工贸高等职业技术学校的杨鹏飞。

在本书编写过程中，参考了大量相关教材和资料，对原作者表示衷心的感谢。同时，还得到了盐城机电高等职业技术学校张国军、连云港工贸高等职业技术学校王琳的指导和帮助，在此一并表示衷心的感谢。由于编者水平有限和编写时间短促，书中不足之处在所难免，恳请批评指正。

编　者

目 录

项目一　数控机床进给电动机驱动控制 …………………………………………… 1
 任务一　数控机床进给电动机概述 ………………………………………… 1
 任务二　步进电动机及其驱动控制分析 …………………………………… 12
 任务三　交流进给电动机及其进给驱动控制安装 ………………………… 28
 任务四　交流进给电动机及其进给驱动控制调试 ………………………… 50

项目二　数控机床主轴电动机驱动控制 …………………………………………… 63
 任务一　数控机床主轴驱动概述 …………………………………………… 63
 任务二　通用变频器分析 …………………………………………………… 72
 任务三　变频主轴安装 ……………………………………………………… 79
 任务四　变频主轴调试 ……………………………………………………… 85
 任务五　伺服主轴认知 ……………………………………………………… 94

项目三　CNC 装置电气装调 ……………………………………………………… 101
 任务一　CNC 装置概述 …………………………………………………… 101
 任务二　CNC 接口分析 …………………………………………………… 120
 任务三　CNC 装置连接安装 ……………………………………………… 132
 任务四　CNC 装置调试与维护 …………………………………………… 151

项目四　数控机床刀架系统电气控制 …………………………………………… 168
 任务一　数控机床刀架系统认知 ………………………………………… 168
 任务二　数控机床刀架系统电气控制分析 ……………………………… 174
 任务三　数控机床刀架系统安装 ………………………………………… 182
 任务四　数控机床刀架系统调试 ………………………………………… 194

项目五　数控机床辅助系统控制 ………………………………………………… 200
 任务一　数控机床常见辅助系统认知 …………………………………… 200
 任务二　数控机床冷却系统控制分析 …………………………………… 213
 任务三　数控机床冷却控制系统安装 …………………………………… 224
 任务四　数控机床冷却控制系统调试 …………………………………… 232

附录 ………………………………………………………………………………… 240

参考文献 …………………………………………………………………………… 243

项目一　数控机床进给电动机驱动控制

 知识目标

1. 认知数控机床常见进给电动机；
2. 掌握数控机床典型进给电动机控制特点。

 技能目标

1. 能够进行数控机床典型进给电动机控制安装；
2. 能够进行数控机床典型进给电动机控制调试；
3. 能够对典型电动机做出选择。

任务一　数控机床进给电动机概述

 任务描述

认知数控机床常见的进给电动机，掌握其分类及其结构特点，能够掌握其工作原理。

 知识链接

数控机床对进给伺服电动机有一定的要求，其主要表现为：

（1）机械特性：要求伺服电动机的速降小、刚度大。

（2）快速响应的要求：这在轮廓加工，特别是对曲率大的加工对象进行高速加工时要求较严格。

（3）调速范围：可以使数控机床适用于各种不同刀具、加工材质的加工工艺。

（4）一定的输出转矩，一定的过载转矩：机床进给机械负载的性质主要是克服工作台的摩擦力和切削的阻力,因此主要是"恒转矩"的性质。

数控机床进给电动机主要有步进电动机和交流伺服电动机。

一、步进电动机

步进式伺服驱动系统是典型的开环控制系统。在此系统中,执行元件是步进电动机。它受驱动控制线路的控制,将代表进给脉冲的电平信号直接变换为具有一定方向、大小和速度的机械转角位移,并通过齿轮和丝杠带动工作台移动。由于该系统没有反馈检测环节,它的精度较差,速度也受到步进电动机性能的限制。但它的结构和控制简单、容易调整,故在速度和精度要求不太高的场合具有一定的使用价值。

1. 步进电动机的种类

步进电动机的分类方式很多,常见的分类方式有按产生力矩的原理、按输出力矩的大小以及按定子的数量等。根据不同的分类方式,可将步进电动机分为多种类型,如表1-1-1所示。

表1-1-1 步进电动机的分类

分类方式	具体类型
按产生力矩的原理	(1) 反应式:转子无绕组,由被激磁的定子绕组产生反应力矩实现步进运行。 (2) 激磁式:定、转子均有激磁绕组(或转子用永久磁钢),由电磁力矩实现步进运行
按输出力矩的大小	(1) 伺服式:输出力矩在百分之几至十分之几 N·m 只能驱动较小的负载,要与液压扭矩放大器配用,才能驱动机床工作台等较大的负载。 (2) 功率式:输出力矩在 5~50 N·m,可以直接驱动机床工作台等较大的负载
按定子的数量	单定子式、双定子式、三定子式、多定子式
按各相绕组分布	(1) 径向分布式:电动机各相按圆周依次排列。 (2) 轴向分布式:电动机各相按轴向依次排列

2. 步进电动机的结构

目前,我国使用的步进电动机多为反应式步进电动机。在反应式步进电动机中,有轴向分相和径向分相两种,如表1-1-1所示。

图1-1-1所示为一典型的单定子、径向分相、反应式伺服步进电动机的结构原理。它与普通电动机一样,分为定子和转子两部分,其中定子又分为定子铁芯和定子绕组。定子铁芯由电工钢片叠压而成,其形状如图1-1-1所示。定子绕组是绕在定子铁芯6个均匀分布的齿上的线圈,在直径方向上相对的两个齿上的线圈串联在一起,构成一相控制绕组。图1-1-1所示的步进电动机可构成三相控制绕组,故也称三相步进电动机。若任一相绕组通电,便形成一组定子磁极,其方向即图中所示的 NS 极。在定子的每个磁极上,即定子铁芯上的每个齿上又开了5个小齿,齿槽等宽,齿间夹角为9°,转子上没有绕组,只有均匀分布的40个小齿,齿槽也是等宽的,齿间夹角也是9°,与磁极上的小齿一致。此外,三相定子磁极上的小齿在空间位置上依次错开1/3齿距,如图1-1-2所示。当A相磁极上的小齿与转子上的小齿对齐时,B相磁极上的齿刚好超前(或滞后)转子齿1/3齿距角,C相磁极齿超前(或滞后)转子齿2/3齿距角。

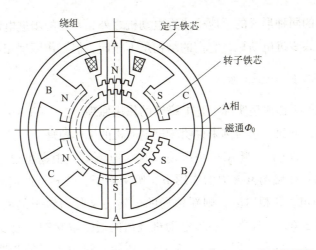

图 1-1-1 单定子、径向分相、反应式伺服步进电动机的结构原理

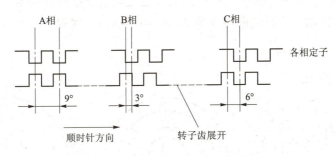

图 1-1-2 步进电动机的齿距

图 1-1-3 所示为一个五定子、轴向分相、反应式伺服步进电动机的结构原理。从图中可以看出，步进电动机的定子和转子在轴向分为五段，每段都形成独立的一相定子铁芯、定子绕组和转子，图 1-1-4 所示为其中的一段。各段定子铁芯形如内齿轮，由硅钢片叠成。转子形如外齿轮，也由硅钢片制成。各段定子上的齿在圆周方向均匀分布，彼此之间错开 1/5 齿距，其转子齿彼此不错位。设置在定子铁芯环形槽内的定子绕组通电时，便形成一相环形绕组，构成图中所示的磁力线。

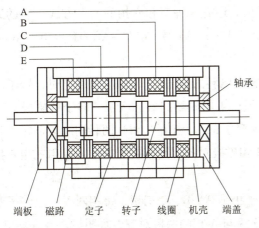

图 1-1-3 五定子、轴向分相、反应式伺服步进电动机的结构原理

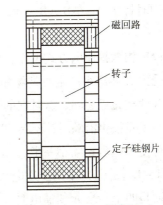

图 1-1-4 一段定子、转子及磁回路

除上面介绍的两种形式的反应式步进电动机之外,常见的步进电动机还有永磁式步进电动机和永磁反应式步进电动机,它们的结构虽不相同,但工作原理相同。

3. 步进电动机的工作原理

步进电动机的工作原理实际上是电磁铁的作用原理。图1-1-5所示为一种最简单的反应式步进电动机,下面以它为例来说明步进电动机的工作原理。

图1-1-5(a)中,当A相绕组通以直流电流时,根据电磁学原理,便会在AA方向上产生一磁场,在磁场电磁力的作用下,吸引转子,使转子的齿与定子AA磁极上的齿对齐。若A相断电,B相通电,则新磁场的电磁力又吸引转子的两极与BB磁极齿对齐,转子沿顺时针转过60°。通常,步进电动机绕组的通断电状态每改变一次,其转子转过的角度α称为步距角。因此,图1-1-5(a)所示步进电动机的步距角α等于60°。如果控制线路不停地按A→B→C→A…的顺序控制步进电动机绕组的通断电,步进电动机的转子便不停地顺时针转动。若通电顺序改为A→C→B→A…,同理,步进电动机的转子将逆时针不停地转动。

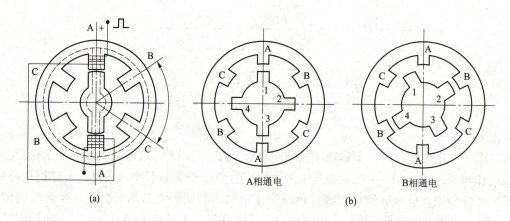

图1-1-5 步进电动机的工作原理

上面所述的这种通电方式称为三相三拍。还有一种三相六拍的通电方式,它的通电顺序是:顺时针为A→AB→B→BC→C→CA→A…;逆时针为A→AC→C→CB→B→BA→A…。

若以三相六拍通电方式工作,则当A相通电转为A相和B相同时通电时,转子的磁极将同时受到A相绕组产生的磁场和B相绕组产生的磁场的共同吸引,转子的磁极只好停在A相和B两相磁极之间,这时它的步距角α等于30°。当由A和B两相同时通电转为B相通电时,转子磁极再沿顺时针旋转30°,与B相磁极对齐。其余以此类推。采用三相六拍通电方式,可使步距角α缩小一半。

图1-1-5(b)中的步进电动机,定子仍是A、B、C三相,每相两极,但转子不是两个磁极而是四个。当A相通电时,是1和3极与A相的两极对齐,很明显,当A相断电、B相通电时,2和4极将与B相两极对齐。这样,在三相三拍的通电方式中,步距角α等于

4

30°；在三相六拍的通电方式中，步距角 α 则为 15°。

综上所述，可以得到如下结论：

（1）步进电动机定子绕组的通电状态每改变一次，它的转子便转过一个确定的角度，即步进电动机的步距角 α。

（2）改变步进电动机定子绕组的通电顺序，转子的旋转方向随之改变。

（3）步进电动机定子绕组通电状态的改变速度越快，其转子旋转的速度越快，即通电状态的变化频率越高，转子的转速越高。

（4）步进电动机步距角 α 与定子绕组的相数 m、转子的齿数 z、通电方式 k 有关，可用下式表示：

$$\alpha = 360°/(mzk)$$

式中，m 相 m 拍时，$k=1$；m 相 $2m$ 拍时，$k=2$；以此类推。

对于图 1-1-1 所示的单定子、径向分相、反应式伺服步进电动机，当它以三相三拍通电方式工作时，其步距角为

$$\alpha = 360°/(mzk) = 360°/(3 \times 40 \times 1) = 3°$$

若按三相六拍通电方式工作，则其步距角为

$$\alpha = 360°/(mzk) = 360°/(3 \times 40 \times 2) = 1.5°$$

4. 步进电动机的主要特性

（1）步距角。步进电动机的步距角是反映步进电动机定子绕组的通电状态每改变一次，转子转过的角度。它是决定步进伺服系统脉冲当量的重要参数。数控机床中常见的反应式步进电动机的步距角一般为 0.3°~0.5°。步距角越小，数控机床的控制精度越高。

（2）矩角特性、最大静态转矩 M_{jmax} 和启动转矩 M_q。矩角特性是步进电动机的一个重要特性，它是指步进电动机产生的静态转矩与失调角的变化规律。

（3）启动频率 f_q。空载时，步进电动机由静止突然启动，并进入不丢步的正常运行所允许的最高频率，称为启动频率或突跳频率。若启动时频率大于突跳频率，步进电动机就不能正常启动。空载启动时，步进电动机定子绕组通电状态变化的频率不能高于该突跳频率。

（4）连续运行的最高工作频率 f_{max}。步进电动机连续运行时，它所能接受的，即保证不丢步运行的极限频率，称为最高工作频率。它是决定定子绕组通电状态最高变化频率的参数，它决定了步进电动机的最高转速。

（5）加减速特性。步进电动机的加减速特性是描述步进电动机由静止到工作频率和由工作频率到静止的加减速过程中，定子绕组通电状态的变化频率与时间的关系。当要求步进电动机启动到大于突跳频率的工作频率时，变化速度必须逐渐上升；同样，从最高工作频率或高于突跳频率的工作频率停止时，变化速度必须逐渐下降。逐渐上升和下降的加速时间、减速时间不能过小，否则会出现失步或超步。我们用加速时间常数 T_a 和减速时间常数 T_d 来描述步进电动机的升速和降速特性，如图 1-1-6 所示。

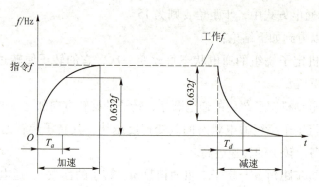

图 1-1-6 加减速特性曲线

二、交流伺服电动机

1. 交流伺服电动机的类型：永磁式交流伺服电动机和感应式交流伺服电动机

共同点：工作原理均由定子绕组产生旋转磁场使得转子跟随定子旋转磁场一起运转。

不同点：永磁式伺服电动机的转速与外加交流电源的频率存在着严格的同步关系，即电动机的转速等于旋转磁场的同步转速；而由于感应式伺服电动机需要转速差才能产生电磁转矩，因此，电动机的转速低于磁场同步转速，负载越大，转速差越大。

2. 永磁交流伺服电动机结构与工作原理

电动机结构：由定子、转子和检测元件组成，如图 1-1-7 所示。

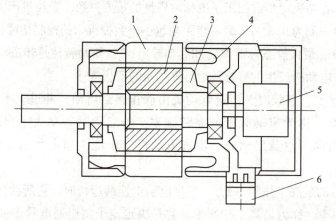

1—定子；2—转子；3—压板；4—定子三相绕组；5—脉冲编码器；6—接线盒。

图 1-1-7 永磁交流伺服电动机的结构

工作原理：定子三相绕组接上电源后，产生一个旋转磁场，该旋转磁场以同步转速 n_0 旋转；定子旋转磁场与转子的永久磁铁磁极相互吸引，并带动转子以同步转速 n_0 一起旋转；当转子轴上加有负载转矩后，造成定子磁场轴线与转子磁极轴线不重合，相差一个 θ 角，负载转矩发生变化时，θ 角也发生变化。只要不超过一定限度，转子始终跟随定子的旋转磁场以同步转速 n_0 旋转。

参照以下步骤为 CK6130 选择步进电动机

1. 步进电动机转矩的选择

步进电动机的保持转矩,近似于传统电动机所称的"功率"。当然,它们有着本质的区别。步进电动机的物理结构完全不同于交流、直流电动机,电动机的输出功率是可变的。通常根据需要的转矩大小(即所要带动物体的扭力大小)来选择哪种型号的电动机。大致来说,扭力在 0.8 N·m 以下,选择 20、28、35、39、42(电动机的机身直径或方度,单位:mm)规格的电动机;扭力在 1 N·m 左右的,选择 57 电动机较为合适;扭力在几牛米或更大的情况下,就要选择 86、110、130 等规格的步进电动机。

2. 步进电动机转速的选择

对于电动机的转速也要特别考虑,因为电动机的输出转矩与转速成反比。也就是说,步进电动机在低速(每分钟几百转或更低转速)状态下的输出转矩较大,在高速(1 000 ~ 9 000 r/min)状态下的转矩很小。当然,有些工况环境需要高速电动机,这就需要对步进电动机的线圈电阻、电感等指标进行衡量了。选择电感稍小一些的电动机,作为高速电动机,能够获得较大的输出转矩。反之,在要求低速大力矩的情况下,就要选择十几 mH 或几十 mH 的电感,电阻也要大一些为好。

3. 步进电动机空载启动频率的选择

步进电动机空载启动频率,通常称为"空起频率",这是选购电动机比较重要的一项指标。如果要求在瞬间频繁启动、停止,并且转速在 1 000 r/min 左右(或更高),通常需要"加速启动"。如果需要直接启动达到高速运转,最好选择反应式或永磁式电动机,因为这些电动机的"空起频率"都比较高。

4. 步进电动机的相数选择

在步进电动机的相数选择上,很多客户不重视,大多是随便购买。其实,不同相数的电动机,工作效果是不同的。相数越多,步距角就能够做得比较小,工作时的振动就相对小一些。在大多数场合,使用两相电动机比较多。在高速大力矩的工作环境,选择三相步进电动机是比较实用的。

5. 步进电动机使用环境的选择

特种步进电动机能够防水、防油,用于某些特殊场合。例如水下机器人,就需要防水电动机。对于特种用途的电动机,就要有针对性地进行选择了。

6. 特殊规格步进电动机的选择

根据实际情况选择特殊规格的步进电动机,如输出轴的直径、长短、伸出方向等。

7. 步进电动机的确认

如有必要，最好与厂家的技术工程师进一步沟通与确认型号。

任务评价

根据任务完成过程中的表现，填写表1-1-2。

表1-1-2 任务评价

项目	评价要素	评价标准	自我评价	小组评价	综合评价
知识准备	资料准备	参与资料收集、整理，自主学习			
	计划制订	能初步制订计划			
	小组分工	分工合理，协调有序			
任务过程	步进电动机转矩选择	操作正确，熟练程度			
	步进电动机转速选择	操作正确，熟练程度			
	步进电动机频率选择	操作正确，熟练程度			
	步进电动机相数选择	操作正确，熟练程度			
	步进电动机防护选择	操作正确，熟练程度			
拓展能力	知识迁移	能实现前后知识的迁移			
	应变能力	能举一反三，提出改进建议或方案			
学习态度	主动程度	自主学习主动性强			
	合作意识	协作学习，能与同伴团结合作			
	严谨细致	仔细认真，不出差错			
	问题研究	能在实践中发现问题，并用理论知识解决实践中的问题			
	安全规程	遵守操作规程，安全操作			

任务拓展

一、直线电动机

直线电动机是一种将电能直接转换成直线运动机械能，而不需要任何中间转换机构的传动装置。它可以被看成一台旋转电动机按径向剖开，并展成平面而成。

直线电动机也称线性电动机、线性马达、直线马达或推杆马达。最常用的直线电动机类型是平板式、U形槽式和管式。线圈的典型组成是三相，由霍尔元件实现无刷换相。

直线电动机明确显示转子（rotor）的内部绕组、磁铁和磁轨。直线电动机结构如图1-1-8所示。

直线电动机经常被简单描述为旋转电动机被展平，其工作原理相同。转子是用环氧材料把线圈压缩在一起制成的；磁轨是把磁铁（通常是高能量的稀土磁铁）固定在钢上。电动机的转子包括线圈绕组、霍尔元件电路板、电热调节器（温度传感器监控温度）和电子接口。在旋转电动机中，转子和定子需要旋转轴承支承转子以保证相对运动部分的气隙（air gap）。同样的，直线电动机需要直线导轨来保持转子在磁轨产生的磁场中的位置。和旋转伺服电动机的编码器安装在轴上反馈位置一样，直线电动机需要反馈直线位置的反馈装置——直线编码器，它可以直接测量负载的位置，从而提高负载的位置精度。

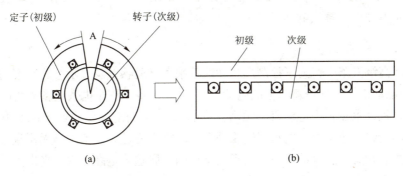

图1-1-8 直线电动机结构
(a) 沿径向剖开；(b) 把圆周展成直线

直线电动机的控制和旋转电动机一样。像无刷旋转电动机，转子和定子无机械连接（无刷），与旋转电动机不同的是：转子旋转和定子位置保持固定，直线电动机系统可以是磁轨动或推力线圈动（大部分定位系统应用的是磁轨固定，推力线圈动）。用推力线圈运动的电动机，推力线圈的重力和负载比很小。然而，需要高柔性线缆及其管理系统。用磁轨运动的电动机，不仅要承受负载，还要承受磁轨重力，但无须线缆管理系统。

由于相似的机电原理用在直线和旋转电动机上，直线电动机使用和旋转电动机相同的控制和可编程配置。直线电动机的形状可以是平板式、U形槽式及管式。哪种构造最适合要看实际应用的规格要求和工作环境。

二、电动机运用领域

电动机应用遍及信息处理、音响设备、汽车电气设备、国防、航空航天、工农业生产以及日常生活的各个领域。目前电动机有以下七大应用领域。

1. 电气伺服传动领域

在要求速度控制和位置控制（伺服）的场合，特种电动机的应用越来越广泛。开关磁阻电动机、永磁无刷直流电动机、步进电动机、永磁交流伺服电动机、永磁直流电动机等都已在数控机床、工业电气自动化、自动生产线、工业机器人以及各种军民用装备等领域获得了广泛应用。如交流伺服电动机驱动系统应用在凹版印刷机中，以其高控制精度实现了极高的同步协调性，使这种印刷设备具有自动化程度高、套准精度高、承印范围大、生产成本低、节约能源、维修方便等优势。在工业缝纫机中，随着永磁交流伺服电动机控制系统、无刷直流电动机控制系统、混合式步进电动机控制系统的大量使用，工业缝纫机向自动化、智能化、复合化、集成化、高效化、无油化、高速化、直接驱动化方向快速发展。

2. 信息处理领域

信息技术和信息产业以微电子技术为核心，以通信和网络为先导，以计算机和软件为基础。信息产品和支撑信息时代的半导体制造设备、电子装置（包括信息输入、存储、处理、输出、传递等环节）以及通信设备（如硬盘驱动器、光盘驱动器、软盘驱动器、打印机、传真机、复印机、手机等）使用着大量各种各样的特种电动机。信息产业在国内外都受到高度重视，并获得高速发展，信息领域配套的特种电动机全世界年需求量约为 15 亿台（套），这类电动机绝大部分是永磁直流电动机、无刷直流电动机、步进电动机、单相感应电动机、同步电动机、直线电动机等。

3. 交通运输领域

目前，在高级汽车中，为了控制燃料和改善乘车舒适感以及显示装置状态的需要，要使用 40~50 台电动机，而豪华轿车上的电动机可达 80 多台，汽车电气设备配套电动机主要为永磁直流电动机、永磁步进电动机、无刷直流电动机等。作为 21 世纪的绿色交通工具，电动汽车在各国受到普遍重视，电动车辆驱动用电动机主要是大功率永磁无刷直流电动机、永磁同步电动机、开关磁阻电动机等，这类电动机的发展趋势是高效率、高出力、智能化。国内电动自行车近年来发展迅猛，电动自行车主要使用线绕盘式永磁直流电动机和永磁无刷直流电动机驱动；此外，特种电动机在机车驱动、舰船推进中也得到广泛应用，如直线电动机用于磁浮列车、地铁列车的驱动。

4. 家用电器领域

目前，工业化国家一般家庭中使用 50~100 台特种电动机，电动机主要品种为：永磁直流电动机、单相感应电动机、串励电动机、步进电动机、无刷直流电动机、交流伺服电动机等。为了满足用户越来越高的要求和适应信息时代发展的需要，实现家用电器产品节能化、舒适化、网络化、智能化，家用电器的更新换代周期很快，对配套的电动机提出了高效率、低噪声、低振动、低价格、可调速和智能化的要求。家用电器行业用电动机正进行着更新，以高效永磁无刷直流电动机为驱动的家用电器正代表着家用电器业发展的方向。如目前流行的高效节能变频空调和冰箱就采用永磁无刷直流电动机驱动其压缩机及风扇。洗衣机采用低噪声多极扁平永磁无刷直流电动机，可省去原有的机械减速器而直接驱动滚筒，实现无级调速，是目前洗衣机中的高档产品。吸尘器中采用永磁无刷直流电动机替代原用的单相串励电动机，具有体积小、效率高、噪声低、寿命长等优点。

5. 消费电子领域

电唱机、录音机、VCD 视盘和 DVD 视盘等影音设备以及高级智能玩具和娱乐健身设备配套电动机主要为永磁直流电动机、印制绕组电动机、线绕盘式电动机、无刷直流电动机等。录像机、摄像机、数码照相机等电子消费品需要量大，产品更新换代快，这类产品所配电动机属精密型，制造加工难度大，尤其是进入数字化后，对电动机提出了更新、更高的要求。

6. 国防领域

军用特种电动机及组件产品门类繁多，规格各异，有近万个品种，其基本功能有：机械位置传感与指示，信号变换与计算，运动速度检测与反馈，运动装置驱动与定位，速度、加速度、位置精确伺服控制，计时标准及小功率电源等。基于其特殊性能、特殊功能和特殊工作环境的要求，大量吸收相关学科的最新技术成就，特别是新技术、新材料和新工艺的应用,催生了许多新结构、新原理电动机,具有鲜明的微型化、数字化、多功能化、智能化、系统化和网络化特征。如传统鱼雷舵机均采用液压机械式驱动系统驱动舵面,为鱼雷提供三轴动力以控制航向、深度与横滚,实现所设计的鱼雷弹道;目前国内外新型鱼雷已经采用电舵机,早期电舵机多使用有刷直流伺服电动机,但有刷伺服电动机固有的缺点给电舵机系统的可靠运行带来了诸多问题。而应用体积小、质量轻、功率密度大、力能指标高并具有良好伺服性能和动态特性的稀土永磁无刷直流电动机则很好地满足了鱼雷电舵机系统的特殊使用要求。

目前国防领域重点应用和发展的特种电动机是永磁交流伺服系统,永磁无刷直流电动机,高频高精度双通道旋转变压器,微、轻、薄永磁直流力矩电动机,高精度角位感应电动机,步进电动机及驱动器,低惯量直流伺服电动机,永磁直流力矩测速机组,驱动电动机加减速器组件,超声波电动机,直线和直接驱动电动机等。

7. 特殊用途领域

一些特殊领域应用的各种飞行器、探测器、自动化装备、医疗设备等使用的电动机多为特种电动机或新型电动机,包括从原理上、结构上和运行方式上都不同于一般电磁原理的电动机,主要为低速同步电动机、谐波电动机、有限转角电动机、超声波电动机、微波电动机、电容式电动机、静电电动机等,如将一种厚度为 0.4 mm 的超薄型超声波电动机应用于微型直升机、将微型超声波电动机应用于手机的照相系统中等。

三、大容量电机

1. 大容量、超高速电机现状

三峡工程开工时,国内尚无制造单机容量 700 MW 水轮发电机组的实践经验,三峡工程水轮发电机组采购实行国际公开招标。1997 年 9 月 14 台左岸水轮发电机组(7.4 亿美元),法国阿尔斯通和瑞士 ABB 公司联合制造供应 8 台(套)机组,美国通用电气、德国伏伊特、西门子组成的 VGS 集团供应另外 6 台(套)机组。合同的另一关键内容是:我国两家知名的水轮发电机组制造厂——东方电机股份有限公司(东电)和哈尔滨电机厂有限责任公司(哈电)总计分包 2.3 亿美元约 31% 的制造任务,并通过与外商约定的技术转让条款,使这两个厂进一步掌握三峡机组的关键技术,为三峡工程右岸电站 12 台机组的"以我为主"制造打下基础。

三峡左岸机组与外商的合作制造,使我国发电设备制造业的水平有了阶段性的提高,哈电、东电等已具备独立承担大型水电机组制造的能力。

1)超高速电机研制

超高速电机转速高,几何尺寸小,可以有效节约材料;响应快,可以与原动机或负载直接连接,省去变速装置,减小噪声,提高传动的效率。——国际电工领域的研究热点。

超高速电机转速高,美国 Calntix 公司开发 2 MW 高速永磁发电机,转速为 19 000 ~ 22 500 r/min;永磁无刷直流电动机转速最高可达 452 000 r/min。

我国已研制出 50 000 r/min 小功率高速电机,对高速电机的需求比较迫切。

2)高速电机应用领域

(超)高速电机可广泛用于高速磨头,高速的车床、钻床、铣床;医疗器械和手术器械中用的高速电机;高速电动工具以及航空航天等领域。

2. 大功率、超低速电机

此类电机主要应用于船舶和舰艇推进系统的直接电力驱动和大型风力发电。国外已能生产4.5 MW的直驱式风力发电机，转速为 8～13 r/min。

3. 超声波电动机

新型功能材料——智能材料包括压电陶瓷、超磁致伸缩、电致伸缩、温控与磁控形状记忆合金等。由智能材料构思出各种新型能量转换器件与系统，如传感器、执行器和机器人等，智能材料成为电工科学新的研究领域。超声波电动机是近年来发展迅速的一种压电执行器。

超声波电动机是近年来发展的一门新技术，其完全不同于传统的电机。超声波电动机是一种借助摩擦传递动力的驱动机构。它与传统的电机相比有体积小、机构简单、易于控制和无磁污染等特点。其超静运行特别适用于医院、宾馆、办公室等要求低噪声的场合；它的大能量密度适用于机器人的驱动，驱动过程中不需要齿轮装置，适用于精密定位装置中；在汽车工业和航天工业中它也有着广泛的应用前景，特别是在航天领域，它有着电磁电动机所不可替代的地位。

超声波电动机是在 1961 年由 Bulova 钟表公司首次用来作为动力的。

4. 压电效应/逆压电效应电动机

当材料受力作用而变形时，其表面会有电荷产生。压电效应/逆压电效应电动机是利用压电材料的逆压电效应，把电信号加到压电陶瓷—金属构成的定子上，使定子产生一定轨迹的机械振动，带动弹性体产生弯曲弹性波，靠外力加压产生摩擦力，使转子旋转。也就是说，它是显示压电性的晶体，通过压电效应，把力学量与电学量（电场 E 和电位移 D 或极化强度 P）互相联系起来——电机耦合，驱动转子运动的新型电机。由于定子的振动频率多数工作在超声频范围，因此也被称为超声波电动机或超声马达，也可统称为压电致动器。

任务二　步进电动机及其驱动控制分析

认知数控机床常见的步进电动机，掌握其分类及其结构特点，能够掌握其工作原理。

步进电动机是将电脉冲信号转变为角位移或线位移的开环控制电动机，是现代数字程序控制系统中的主要执行元件，应用极为广泛。在非超载的情况下，电动机的转速、停止的位置只取决于脉冲信号的频率和脉冲数，而不受负载变化的影响，当步进驱动器接收到一个脉冲信号时，它就驱动步进电动机按设定的方向转动一个固定的角度，称为"步距角"，它的旋转是以固定的角度一步一步运行的。可以通过控制脉冲个数来控制角位移量，从而达到准确定位的目的；同时可以通过控制脉冲频率来控制电动机转动的速度和加速度，从而达到调速的目的。

步进电动机是一种感应电动机，它的工作原理是利用电子电路，将直流电变成分时供电的多相时序控制电流，用这种电流为步进电动机供电，步进电动机才能正常工作，驱动器就是为步进电动机分时供电的多相时序控制器。

虽然步进电动机已被广泛应用，但它并不能像普通的直流电动机、交流电动机在常规下使用。它必须由双环形脉冲信号、功率驱动电路等组成控制系统方可使用。因此用好步进电动机绝非易事，它涉及机械、电机、电子及计算机等许多专业知识。步进电动机作为执行元件，是机电一体化的关键产品之一，广泛应用在各种自动化控制系统中。随着微电子和计算机技术的发展，步进电动机的需求量与日俱增，在各个国民经济领域都有应用。

一、工作原理

通常电动机的转子为永磁体，当电流流过定子绕组时，定子绕组产生一矢量磁场。该磁场会带动转子旋转一角度，使得转子的一对磁场方向与定子的磁场方向一致。当定子的矢量磁场旋转一个角度时，转子也随着该磁场旋转一个角度。每输入一个电脉冲，电动机便转动一个角度前进一步。它输出的角位移与输入的脉冲数成正比，转速与脉冲频率成正比。改变绕组通电的顺序，电动机就会反转。所以可用控制脉冲数量、频率及电动机各相绕组的通电顺序来控制步进电动机的转动。

二、发热原理

通常见到的各类电动机，内部都是有铁芯和绕组线圈的。绕组有电阻，通电会产生损耗，损耗大小与电阻和电流的平方成正比，这就是我们常说的铜损。如果电流不是标准的直流或正弦波，还会产生谐波损耗。铁芯有磁滞涡流效应，在交变磁场中也会产生损耗，其大小与材料、电流、频率、电压有关，这叫铁损。铜损和铁损都会以发热的形式表现出来，从而影响电动机的效率。步进电动机一般追求定位精度和力矩输出，效率比较低，电流一般比较大，且谐波成分高，电流交变的频率也随转速而变化，因而步进电动机普遍存在发热情况，且情况比一般交流电动机严重。

三、分类

步进电动机从其结构形式上可分为反应式步进电动机（Variable Reluctance，VR）、永磁式步进电动机（Permanent Magnet，PM）、混合式步进电动机（Hybrid Stepping，HS）、单相步进电动机、平面步进电动机等多种类型，在我国所采用的步进电动机中以反应式步进电动机为主。步进电动机的运行性能与控制方式有密切的关系，步进电动机控制系统从其控制方式来看，可以分为开环控制系统、闭环控制系统和半闭环控制系统三类。半闭环控制系统在实际应用中一般归类于开环或闭环系统中。

（1）反应式：定子上有绕组，转子由软磁材料组成。这种类型的电动机结构简单、成本低、步距角小，可达 1.2°，但动态性能差、效率低、发热大，可靠性难保证。

（2）永磁式：永磁式步进电动机的转子用永磁材料制成，转子的极数与定子的极数相同。其特点是动态性能好、输出力矩大，但这种电动机精度差，步距角大（一般为 7.5°或 15°）。

（3）混合式：混合式步进电动机综合了反应式和永磁式的优点，其定子上有多相绕组，转子上采用永磁材料，转子和定子上均有多个小齿以提高步距精度。其特点是输出力矩大，动态性能好，步距角小，但结构复杂，成本相对较高。

按定子上绕组来分，步进电动机共有二相、三相和五相等系列。最受欢迎的是二相混合式步进电动机，约占 97% 的市场份额，其原因是性价比高，配上细分驱动器后效果良好。这种电动机的基本步距角为 1.8°/步；配上半步驱动器后，步距角减少为 0.9°；配上细分驱动器后，步距角可细分达 256 倍（0.007°/微步）。由于摩擦力和制造精度等原因，实际控制精度略低。同一步进电动机可配不同细分驱动器以改变精度和效果。

四、选择方法

步进电动机由步距角（涉及相数）、静转矩及电流三大要素组成。一旦三大要素确定，步进电动机的型号便能确定下来。

1. 步距角的选择

电动机的步距角取决于负载精度的要求，即将负载的最小分辨率（当量）换算到电动机轴上，每个当量电动机应走多少角度（包括减速）。电动机的步距角应等于或小于此角度。市场上步进电动机的步距角一般有 0.36°/0.72°（五相电动机）、0.9°/1.8°（二、四相电动机）、1.5°/3°（三相电动机）等。

2. 静力矩的选择

步进电动机的动态力矩一般很难确定，往往需要先确定电动机的静力矩。静力矩选择的依据是电动机工作的负载，而负载可分为惯性负载和摩擦负载两种。单一的惯性负载和单一的摩擦负载是不存在的。直接启动时（一般由低速）时两种负载均要考虑，加速启动时主要考虑惯性负载，恒速运行则只需考虑摩擦负载。一般情况下，静力矩应为摩擦负载的 2～3 倍内为好，静力矩一旦选定，电动机的机座及长度便能确定下来（几何尺寸）。

3. 电流的选择

静力矩一样的电动机，由于电流参数不同，其运行特性差别很大，可依据矩频特性曲线图判断电动机的电流。

五、步进电动机指标

1. 静态指标术语

（1）相数：产生不同对极 N、S 磁场的激磁线圈对数，常用 m 表示。

（2）拍数：完成一个磁场周期性变化所需脉冲数或导电状态用 n 表示，或指电动机转过一个齿距角所需脉冲数。以四相电动机为例，有四相四拍运行方式即 AB - BC - CD - DA - AB，四相八拍运行方式即 A - AB - B - BC - C - CD - D - DA - A。

（3）步距角：对应一个脉冲信号，电动机转子转过的角位移用 θ 表示。θ = 360°/（转子齿数 × 运行拍数），以常规二、四相，转子齿为 50 齿的电动机为例。四拍运行时步距角 θ = 360°/(50×4) = 1.8°（俗称整步），八拍运行时步距角 θ = 360°/(50×8) = 0.9°（俗称半步）。

(4)定位转矩：电动机在不通电状态下，电动机转子自身的锁定力矩（由磁场齿形的谐波以及机械误差造成的）。

(5)静转矩：电动机在额定静态电压作用下，电动机不做旋转运动时，电动机转轴的锁定力矩。此力矩是衡量电动机体积的标准，与驱动电压及驱动电源等无关。虽然静转矩与电磁激磁安匝数成正比，与定齿转子间的气隙有关，但过分采用减小气隙、增加激磁安匝数来提高静力矩是不可取的，这样会造成电动机的发热及机械噪声。

2. 动态指标术语

(1)步距角精度：步进电动机每转过一个步距角的实际值与理论值的误差。用百分比表示：误差/步距角×100%。不同运行拍数的值不同，四拍运行时应在5%之内，八拍运行时应在15%以内。

(2)失步：电动机运转时运转的步数不等于理论上的步数的现象称为失步。

(3)失调角：转子齿轴线偏移定子齿轴线的角度，电动机运转必存在失调角，由失调角产生的误差，采用细分驱动是不能解决的。

(4)最大空载启动频率：电动机在某种驱动形式、电压及额定电流下，在不加负载的情况下，能够直接启动的最大频率。

(5)最大空载的运行频率：电动机在某种驱动形式、电压及额定电流下，不带负载的最高转速频率。

(6)运行矩频特性：电动机在某种测试条件下测得运行中输出力矩与频率关系的曲线称为运行矩频特性，这是电动机诸多动态曲线中最重要的，也是电动机选择的根本依据。

(7)启动频率和启动特性：启动频率是指一定负载转矩下能够不失步地启动的脉冲最高频率，它的大小与电动机本身参数、负载转矩及转动惯量的大小，以及电源条件等因素有关。它是步进电动机的一项重要技术指标。

(8)电动机的共振点：步进电动机均有固定的共振区域，二、四相感应子式的共振区一般在180~250脉冲/s（步距角1.8°）或在400脉冲/s左右（步距角为0.9°），电动机驱动电压越高，电动机电流越大，负载越轻，电动机体积越小，则共振区向上偏移，反之亦然。为使电动机输出转矩大，不失步和整个系统的噪声降低，一般工作点均应偏移共振区较多。

(9)电动机正反转控制：当电动机绕组通电时序为 $AB-BC-CD-DA$ 时为正转，通电时序为 $DA-CD-BC-AB$ 时为反转。

六、步进电动机控制策略

1. PID 控制

PID 控制作为一种简单而实用的控制方法，在步进电动机驱动中获得了广泛的应用。它根据给定值 $r(t)$ 与实际输出值 $c(t)$ 构成控制偏差 $e(t)$，将偏差的比例、积分和微分通过线性组合构成控制量，对被控对象进行控制。将集成位置传感器用于二相混合式步进电动机中，以位置检测器和矢量控制为基础，设计出了一个可自动调节的 PI 速度控制器，此控制器在变工况的条件下能提供令人满意的瞬态特性。根据步进电动机的数学模型，设计了步进电动机的 PID 控制系统，采用 PID 控制算法得到控制量，从而控制电动机向指定位置运动。最后，通过仿真验证了该控制具有较好的动态响应特性。采用 PID 控制器具有结构简单、鲁棒性强、可靠性高等优点，但是它无法有效应对系统中的不确定信息。

目前，PID 控制更多的是与其他控制策略相结合，形成带有智能的新型复合控制。这种智能复合型控制具有自学习、自适应、自组织的能力，能够自动辨识被控过程参数，自动整定控制参数，适应被控过程参数的变化，同时又具有常规 PID 控制器的特点。

2. 自适应控制

自适应控制是在 20 世纪 50 年代发展起来的自动控制领域的一个分支。它是随着控制对象的复杂化，当动态特性不可知或发生不可预测的变化时，为得到高性能的控制器而产生的。其主要优点是容易实现和自适应速度快，能有效地克服电动机模型参数的缓慢变化所引起的影响，使输出信号跟踪参考信号。根据步进电动机的线性或近似线性模型推导出了全局稳定的自适应控制算法，这些控制算法都严重依赖于电动机模型参数。将闭环反馈控制与自适应控制结合来检测转子的位置和速度，通过反馈和自适应处理，按照优化的升降运行曲线，自动地发出驱动的脉冲串，提高了电动机的拖动力矩特性，同时使电动机获得更精确的位置控制和较高较平稳的转速。

目前，将自适应控制与其他控制方法相结合，以解决单纯自适应控制的不足。自适应低速伺服控制器，确保了转动脉矩的最大化补偿及伺服系统低速高精度的跟踪控制性能。实现的自适应模糊 PID 控制器可以根据输入误差和误差变化率的变化，通过模糊推理在线调整 PID 参数，实现对步进电动机的自适应控制，从而有效地提高系统的响应时间、计算精度和抗干扰性。

3. 矢量控制

矢量控制是现代电动机高性能控制的理论基础，可以改善电动机的转矩控制性能。它通过磁场定向将定子电流分为励磁分量和转矩分量分别加以控制，从而获得良好的解耦特性。因此，矢量控制既需要控制定子电流的幅值，又需要控制电流的相位。由于步进电动机不仅存在主电磁转矩，还有双凸结构产生的磁阻转矩，且内部磁场结构复杂，非线性较一般电动机严重得多，根据它的矢量控制推导出了二相混合式步进电动机 $d-q$ 轴数学模型，以转子永磁磁链为定向坐标系，令直轴电流 $i_d=0$，电动机电磁转矩与 i_q 成正比，用 PC 实现了矢量控制系统。系统中使用传感器检测电动机的绕组电流和转子位置，用 PWM 方式控制电动机绕组电流。基于磁网络的二相混合式步进电动机模型，给出了其矢量控制位置伺服系统的结构，采用神经网络模型参考自适应控制策略对系统中的不确定因素进行实时补偿，通过最大转矩/电流矢量控制实现电动机的高效控制。

4. 智能控制的应用

智能控制不依赖或不完全依赖控制对象的数学模型，只按实际效果进行控制，在控制中有能力考虑系统的不确定性和精确性，突破了传统控制必须基于数学模型的框架。目前，智能控制在步进电动机系统中应用较为成熟的是模糊控制、神经网络控制等。

1）模糊控制

模糊控制就是在被控制对象的模糊模型的基础上，运用模糊控制器的近似推理等手段，实现系统控制的方法。作为一种直接模拟人类思维结果的控制方式，模糊控制已广泛应用于工业控制领域。与常规控制相比，模糊控制无须精确的数学模型，具有较强的自适应性，因此适用于非线性、时变、时滞系统的控制。

2) 神经网络控制

神经网络是利用大量的神经元按一定的拓扑结构学习调整的方法。它可以充分逼近任意复杂的非线性系统，能够学习和自适应未知或不确定的系统，具有很强的鲁棒性和容错性，因而在步进电动机系统中得到了广泛的应用。将神经网络用于实现步进电动机最佳细分电流，在学习中使用 Bayes 正则化算法，使用权值调整技术避免多层前向神经网络陷入局部极小点，有效解决了等步距角细分问题。

七、驱动要求

1. 能够提供较快的电流上升和下降速度，使电流波形尽量接近矩形

具有供截止期间释放电流流通的回路，以降低绕组两端的反电动势，加快电流衰减。

2. 具有较高的功率及效率

步进电动机驱动器，是把控制系统发出的脉冲信号转化为步进电动机的角位移，或者控制系统每发一个脉冲信号，通过驱动器就使步进电动机旋转一个步距角。也就是说，步进电动机的转速与脉冲信号的频率成正比。所以控制步进脉冲信号的频率，就可以对电动机精确调速；控制步进脉冲的个数，就可以对电动机精确定位。步进电动机驱动器有很多，应以实际的功率要求对其进行合理的选择。

任务实施

认识 MS3540M－293 步进驱动器

该驱动器是一款标准脉冲/方向控制的双极性细分步进电动机驱动器，具有抗干扰能力强、稳定性好、成本低等优点（图 1－2－1）。

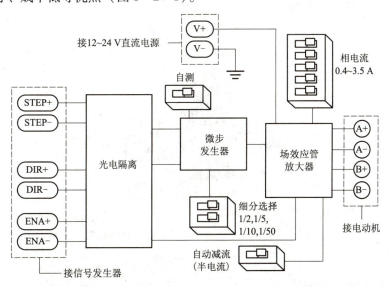

图 1－2－1　MS3540M－293 步进驱动器结构

一、电气指标

MS3540M-293 步进驱动器电气指标如表 1-2-1 所示。

表 1-2-1 MS3540M-293 步进驱动器电气指标

说明	最小值	典型值	最大值	单位
供电电压	12	—	42	VDC
输出电流	0.4	—	3.5	A
控制信号输入电流	5	10	15	mA
步进脉冲频率	0	—	1 000	kHz
步进脉冲最小宽度	0.5	—	—	μs
转向信号最小宽度	2	—	—	μs

二、环境指标

MS3540M-293 步进驱动器环境指标如表 1-2-2 所示。

表 1-2-2 MS3540M-293 步进驱动器环境指标

冷却方式		自然冷却或强制冷却
使用环境	使用场合	避免粉尘、油雾及腐蚀性气体
	工作环境温度	0~50 ℃
	最高环境湿度	90% RH9（不能结露或有水珠）
	振动	5.9 mm/s² (max)
	存储温度	-40~85 ℃

三、接口与接线

1. 需要做的准备（参照图 1-2-2 的接口关系）

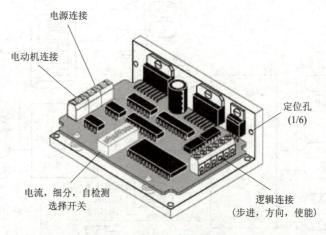

图 1-2-2 产品接口

（1）12~42 V 直流电源。

（2）步进脉冲信号源。

（3）如果要电动机双向运转，需要提供转向控制信号。

（4）匹配的步进电动机。

2. 电源连接

如果电源的输出端没有熔断丝或一些别的限制短路电流的装置，可在电源和驱动器之间放置一个 4 A 的快断熔断丝以保护驱动器和电源。将该熔断丝安装在电源的正极和驱动器的 +V 级之间。将电源的正极连接到驱动器的"+V"端，将电源负极连接到驱动器的"－V"端。注意：请勿将电源的正负极性接反，如图 1－2－3 所示。

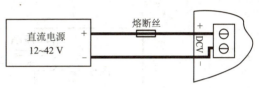

图 1－2－3 电源的连接

3. 电动机连接

警告：将电动机接到驱动器时，请先确认供电电源已关闭。确认未使用的电动机引线未与其他物体发生短路。在驱动器通电期间，不能断开电动机。不要将电动机引线接到地上或电源上。

（1）8 线电动机也有两种连接方式：串联和并联。用串联模式可以得到比较好的低速性能，但此时，电动机应以比额定电流小 30% 的电流工作，以防过热。用并联模式可以得到较好的高速性能，适合高速应用场合。具体接法如图 1－2－4 所示。

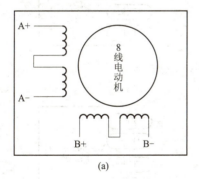 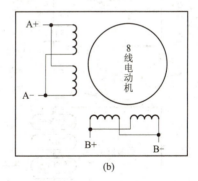

(a) (b)

图 1－2－4 电动机的连接

（a）8 线串联连接；（b）8 线并联连接

（2）电动机运行的相序图如图 1－2－5 所示。

	STEP	A+	A-	B+	B-	
	0	OPEN	OPEN	+	-	
	1	+	-	+	-	
	2	+	-	OPEN	OPEN	
DIR=1 顺时针	3	+	-	-	+	DIR=0 逆时针
	4	OPEN	OPEN	-	+	
	5	-	+	-	+	
	6	-	+	OPEN	OPEN	
	7	-	+	+	-	
	8	OPEN	OPEN	+	-	

图 1－2－5 相序图（半步）

4. 输入接口连接

光电隔离电路防止外部电路和驱动器间相互干扰，步进、方向、使能信号为差分输入，使用 5 V 逻辑电压。内部自带 440 Ω 电阻；信号输入电路的原理如图 1-2-6～图 1-2-9 所示。

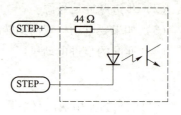

图 1-2-6　驱动输入电路

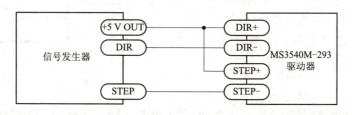

图 1-2-7　共阳极接法

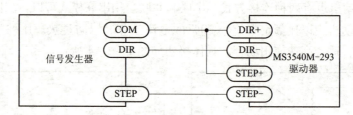

图 1-2-8　共阴极接法

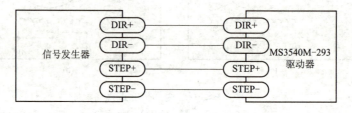

图 1-2-9　差分接法

（1）步进信号（STEP）：告诉驱动器何时使电动机转动一步。电动机在 STEP- 输入信号的上升沿（或 STEP+ 输入信号的下降沿）转动一步。步进脉冲最小宽度为 0.5 μs。

（2）方向信号（DIR）：决定电动机转动的方向。转向信号最小宽度为 2 μs。

（3）使能信号（ENA）：使得用户在 ENA+ 和 ENA- 之间加正电压时，能够关断流向电动机的电流。如果没有必要停止功率放大器工作，ENA 输入引脚就可以悬空。

5. 使用非 5 V TTL 的逻辑电压

有些步进和方向信号，特别是 PLC，通常不使用 5 V 电平。如果在输入信号（STEP，DIR，ENA）前串联一个限流电阻，就可将它们接至 24 V 电平。推荐的连线图如图 1-2-10 及图 1-2-11 所示。

(1) 接 12 V 逻辑信号源时，推荐限流电阻为 820 Ω，1/4 W。

(2) 接 24 V 逻辑信号源时，推荐限流电阻为 2 200 Ω，1/4 W。

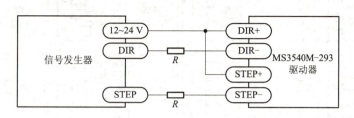

图 1-2-10　接信号发生器

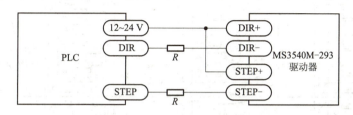

图 1-2-11　与 PLC 的连接示意

6. 电流设定

使用驱动器前，请设置适当的电动机相电流，以免电流过大引起电动机过热。在电动机的标签上通常印有额定电流。设置 MS3540M 驱动器电流时只需要掌握简单的设置规则，而不需要电流表，找到想设定的电流并根据图表设置 DIP 开关即可。

7. 电流设置规则

找到位于电动机连接端子边上的微型开关。电流值印在 5 个开关边上，如 0.4 和 0.8。每个开关控制的电流数值，以安培（A）为单位，按标记所示。基本电流是 0.4 A，如要增加，将开关滑向 PCB 板标记侧。如果设定驱动器每相电流为 2.2 A，以 0.4 A 为基数再加上 1.6 A 和 0.2 A。

如图 1-2-12 所示，设定电流的计算为：2.2 = 1.6 + 0.2 + 0.4（A）。电流设定图如图 1-2-13 所示。

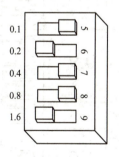

图 1-2-12　电流设定范例

8. 自动减流（半电流）设定

驱动器具有在电动机不运转时自动减少电动机电流 50% 的功能，这样可以在电动机静态时降低驱动器 50% 和电动机 75% 的热量。如果需要，可以关闭该功能，持续全电流运行，这适用于需要大的保持力矩的场合。为了使电动机和驱动器的发热量最小，强烈建议用户采用自动减流功能，除非应用场合绝对不允许。将 #4 开关拨向标记 50% IDLE，减流功能开启；拨离标记 50% IDLE，则关闭，如图 1-2-14 所示。

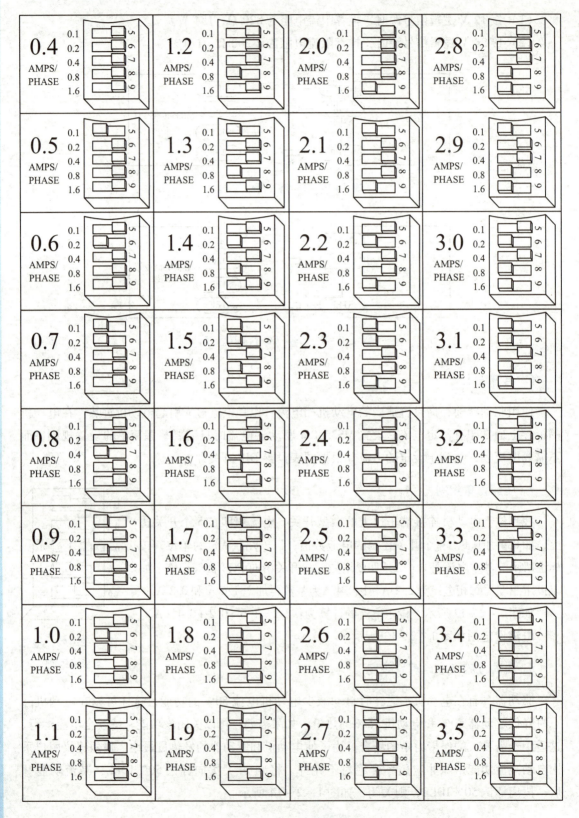

图 1-2-13 电流设定图

图 1-2-14 自动减流设定

(a) 闲置电流减少选择;(b) 闲置电流不减少

9. 细分设定

大多数精密控制场合使用步进电动机细分设定,步进电动机的细分减小了每步所走过的步距角,提高了控制精度,减少了步进电动机的低频振荡,减少了转矩脉动,提高了输出转矩。

大多数步进电动机驱动器可选择整步或半步方式。整步模式电动机的两相都是持续工作的。半步驱动通过两相同时导通或单相导通,将每步分成两小步。细分运行方式可以精确地控制每相的电流值,用电子方式将每步细分成更多的步数。

MS3540M 可选择半步和其他三种细分,其最大设定可将一整步细分为 50 微步,采用 1.8° 电动机时每圈 10 000 步。除了提供精确的定位和平稳的转动,MS3540M 细分驱动器还可用于运动在不同的单位之间转换。当驱动器设定为 2 000 步/转,并配以螺距为 5 的丝杆时,可得到 0.000 1 in/步。细分方式选择方法如图 1-2-15 所示。

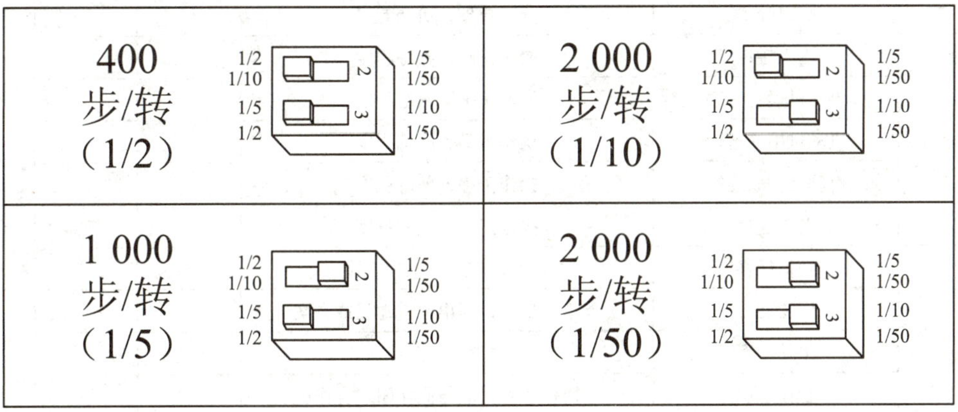

图 1-2-15 细分方式选择方法

2 号开关的一边标记了 1/2、1/10,另一边标记了 1/5、1/50,3 号开关一边标记了 1/5、1/2,另一边标记了 1/10、1/50。当要选择某种细分模式时,将两个开关都拨向该细分模式标签所在的方位。例如,当要选择 10 细分时,将 2 号开关拨向 1/10 标签的方位(朝左),将 3 号开关也拨向 1/10 标签的方位(朝右)。

10. 自测模式设定

MS3540M 具有自测功能,这对故障定位是很有用的。如果用户不能确定是电动机的问题、驱动器信号连接的问题还是 MS3540M 对步进脉冲不响应的问题,则可以进行自测。1 号开关拨向标志 TEST 激活自测,驱动器会慢速旋转电动机,正向旋转半圈,然后反向旋转半圈,一直重复到开关拨离标志 TEST。无论开关 2 或 3 状态如何,在自测期间均采用半步模式。自测不受步进和转向信号影响，使能输入信号功能正常，如图1-2-16所示。

注：电动机正常使用期间，不要将自测功能打开，以免产生电动机不能正常工作的误会。

图1-2-16　自动测试设定

（a）自测试开；(b) 自测试关

任务评价

根据任务完成过程中的表现，填写表1-2-3。

表1-2-3　任务评价

项目	评价要素	评价标准	自我评价	小组评价	综合评价
知识准备	资料准备	参与资料收集、整理，自主学习			
	计划制订	能初步制订计划			
	小组分工	分工合理，协调有序			
任务过程	输入接口	操作正确，熟练程度			
	电动机运行时序	操作正确，熟练程度			
	电动机串联连接	操作正确，熟练程度			
	电动机并联连接	操作正确，熟练程度			
	电源连接	操作正确，熟练程度			
拓展能力	知识迁移	能实现前后知识的迁移			
	应变能力	能举一反三，提出改进建议或方案			
学习态度	主动程度	自主学习主动性强			
	合作意识	协作学习，能与同伴团结合作			
	严谨细致	仔细认真，不出差错			
	问题研究	能在实践中发现问题，并用理论知识解决实践中的问题			
	安全规程	遵守操作规程，安全操作			

任务拓展

DM856数字式两相步进驱动器接口和接线介绍

1. 接口描述

（1）控制信号接口（表1-2-4）。

表1-2-4 控制信号接口

名称	功能
PUL+（+5 V）	脉冲控制信号：脉冲上升沿有效；PUL-高电平时4~5 V，低电平时0~0.5 V。为了可靠响应脉冲信号，脉冲宽度应大于1.2 μs。采用+12 V或24 V时，需串电阻
PUL（PUL）	
DIR+（+5 V）	方向信号：高/低电平信号，为保证电动机可靠换向，方向信号应先于脉冲信号至少5 μs建立。电动机的初始运行方向与电动机的接线有关，互换任一相绕组（如A+、A-交换），可以改变电动机初始运行的方向，DIR-高电平时4~5 V，低电平时0~0.5 V
DIR-（DIR）	
ENA+（+5 V）	使能信号：此输入信号用于使能或禁止。ENA+接+5 V，ENA-接低电平（或内部光耦导通）时，驱动器将切断电动机各相的电流，使电动机处于自由状态，此时步进脉冲不被响应。当无须用此功能时，使能信号端悬空即可
ENA-（ENA）	

(2) 强电接口（表1-2-5）。

表1-2-5 强电接口

名称	功能
GND	直流电源地
+V	电源正极，DM556范围：20~50 V，推荐+36 V左右；DM856范围：20~80 V，推荐70 V左右
A+、A-	电动机A相线圈
B+、B-	电动机B相线圈

(3) RS232通信接口。

可以通过专用串口电缆连接PC或STU调试器，禁止带电插拔。通过STU或PC软件ProTuner可以进行客户所需要的细分和电流值、有效沿和单双脉冲等设置，还可以进行共振点的消除调节。RS232接口引脚排列如图1-2-17所示，具体定义如表1-2-6所示。

图1-2-17 RS232接口引脚排列示意

表1-2-6 RS232接口引脚排列

端子号	符号	名称	说明
1	NC		
2	+5 V	5 V电源正端	仅供外部STU
3	TxD	RS232发送端	
4	GND	5 V电源地	0 V
5	RxD	RS232接收端	
6	NC		

(4) 状态指示。

绿色LED为电源指示灯，当驱动器接通电源时，该LED常亮；当驱动器切断电源时，该LED熄灭。红色LED为故障指示灯，当出现故障时，该指示灯以3 s为周期循环闪烁；

当故障被用户清除时,红色 LED 常灭。红色 LED 在 3 s 内闪烁次数代表不同的故障信息,具体关系如表 1-2-7 所示。

表 1-2-7 LED 与报警的关系

序号	闪烁次数	红色 LED 闪烁波形	故障说明
1	1		过流或相间短路故障
2	2		过压故障(电压 >50/80 VDC)
3	3		无定义
4	4		电动机开路或接触不良故障

2. 控制信号接口电路

DM856 驱动器采用差分式接口电路可适用差分信号、单端共阴及共阳等接口,内置高速光电耦合器,允许接收长线驱动器、集电极开路和 PNP 输出电路的信号。在环境恶劣的场合,我们推荐用长线驱动器电路,因为其抗干扰能力强。现在以集电极开路和 PNP 输出为例,接口电路示意如图 1-2-18 所示。

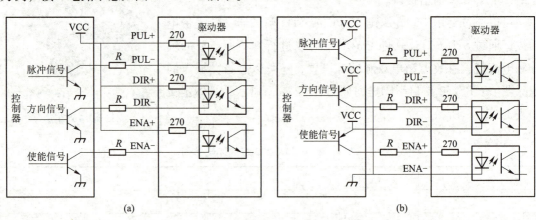

图 1-2-18 输入接口电路
(a) 共阳极接法;(b) 共阴极接法

注意:VCC 值为 5 V 时,R 短接;VCC 值为 12 V 时,R 为 1 kΩ,大于 1/8 W 电阻;VCC 值为 24 V 时,R 为 2 kΩ,大于 1/8 W 电阻;若是与西门子 PLC 连接,则其连接如图 1-2-19 所示。

3. 控制信号时序图

为了避免一些误动作和偏差,PUL、DIR 和 ENA 应满足一定要求,其控制信号时序如图 1-2-20 所示。

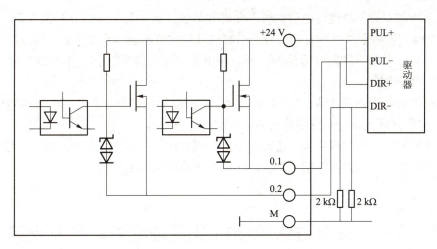

图 1-2-19 西门子 PLC 与驱动器共阳极连接

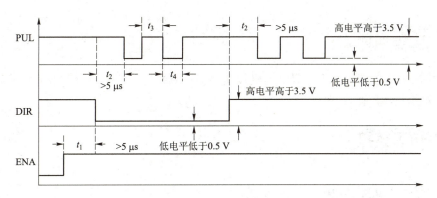

图 1-2-20 控制信号时序图

注释：

（1）t_1：ENA（使能信号）应提前 DIR 至少 5 μs，确定为高。一般情况下建议 ENA + 和 ENA - 悬空即可。

（2）t_2：DIR 至少提前 PUL 下降沿 5 μs 确定其状态高或低。

（3）t_3：脉冲宽度至少不小于 2.5 μs。

（4）t_4：低电平宽度不小于 2.5 μs。

4. 控制信号模式设置

脉冲触发沿和单双脉冲选择：通过 PC 软件 ProTuner 或 STU 调试器设置脉冲上升沿或下降沿触发有效；还可以设置单脉冲模式或双脉冲模式。用双脉冲模式时，方向控制端的信号必须保持在高电平或悬空。

5. 接线要求

（1）为了防止驱动器受干扰，建议控制信号采用屏蔽电缆线，并且屏蔽层与地线短接，除特殊要求外，控制信号电缆的屏蔽线单端接地：屏蔽线的上位机一端接地，屏蔽线的驱动器一端悬空。同一机器内只允许在同一点接地，如果不是真实接地线，可能干扰严重，此时屏蔽层不接地线。

（2）脉冲和方向信号线与电动机线不允许并排包扎在一起，最好分开至少 10 cm 以上，否则电动机噪声容易干扰脉冲方向信号，引起电动机定位不准、系统不稳定等故障。

（3）如果一个电源供多台驱动器，则应在电源处采取并联连接，不允许先到一台，再到另一台链状式连接。

（4）严禁带电拔插驱动器强电 P2 端子，带电的电动机停止时仍有大电流流过线圈，拔插 P2 端子将导致巨大的瞬间感生电动势，从而烧坏驱动器。

（5）严禁将导线头加锡后接入接线端子，否则可能因接触电阻变大而过热，损坏端子。

（6）接线线头不能裸露在端子外，以防意外短路而损坏驱动器。

任务三 交流进给电动机及其进给驱动控制安装

任务描述

认知数控机床常见的交流伺服电动机及其驱动控制装置，掌握其分类及其结构特点，能够掌握其安装注意事项。

知识链接

一、交流伺服电动机

伺服电动机内部的转子是永磁铁，驱动器控制的 U/V/W 三相电形成电磁场，转子在此磁场的作用下转动，同时电动机自带的编码器反馈信号给驱动器，驱动器根据反馈值与目标值进行比较，调整转子转动的角度。伺服电动机的精度取决于编码器的精度（线数）。

1. 交流伺服电动机的基本常识

交流伺服电动机的结构主要分为两部分，即定子部分和转子部分。其中定子的结构与旋转变压器的定子基本相同，在定子铁芯中也安放着空间互成 90°电角度的两相绕组。其中一组为激磁绕组，另一组为控制绕组。交流伺服电动机是一种两相的交流电动机。交流伺服电动机使用时，激磁绕组两端施加恒定的激磁电压 U_f 控制绕组两端施加控制电压 U_k。当定子绕组加上电压后，伺服电动机很快就会转动起来。通入励磁绕组及控制绕组的电流在电动机内产生一个旋转磁场，旋转磁场的转向决定了电动机的转向，当任意一个绕组上所加的电压反相时，旋转磁场的方向就发生改变，电动机的方向也发生改变。为了在电动机内形成一个圆形旋转磁场，要求激磁电压 U_f 和控制电压 U_k 之间有 90°的相位差，常用的方法有：

（1）利用三相电源的相电压和线电压构成 90°的移相。

（2）利用三相电源的任意线电压。

（3）采用移相网络。

（4）在激磁相中串联电容器。

2. 构造

交流伺服电动机定子的构造基本上与电容分相式单相异步电动机相似。其定子上装有两个位置互差 90°的绕组，一个是励磁绕组 R_f，它始终接在激磁电压 U_f 上；另一个是控制绕组 L，连接控制信号电压 U_c。所以交流伺服电动机又称两个伺服电动机。

3. 优点

（1）无电刷和换向器，因此工作可靠，对维护和保养要求低。
（2）定子绕组散热比较方便。
（3）惯量小，易于提高系统的快速性。
（4）适应于高速大力矩工作状态。

4. 基本类型

在要求调速性能较高的场合，一直占据主导地位的是应用直流电动机的调速系统。但直流电动机都存在一些固有的缺点，如电刷和换向器易磨损，需经常维护。换向器换向时会产生火花，使电动机的最高速度受到限制，也使应用环境受到限制，而且直流电动机结构复杂，制造困难，所用钢铁材料消耗大，制造成本高。而交流电动机，特别是鼠笼式感应电动机没有上述缺点，且转子惯量较直流电动机小，使得动态响应更好。在同样体积下，交流电动机输出功率可比直流电动机提高 10%～70%；此外，交流电动机的容量可比直流电动机大，达到更高的电压和转速。现代数控机床都倾向采用交流伺服驱动，交流伺服驱动已有取代直流伺服驱动之势。

1）异步型

异步型交流伺服电动机指的是交流感应电动机。它有三相和单相之分，也有鼠笼式和线绕式，通常多用鼠笼式三相感应电动机。其结构简单，与同容量的直流电动机相比，质量轻 1/2，价格仅为直流电动机的 1/3。缺点是不能经济地实现范围很广的平滑调速，必须从电网吸收滞后的励磁电流，因而令电网功率因数变坏。这种鼠笼转子的异步型交流伺服电动机简称为异步型交流伺服电动机，用 IM 表示。

2）同步型

同步型交流伺服电动机虽较感应电动机复杂，但比直流电动机简单。它的定子与感应电动机一样，都在定子上装有对称三相绕组。而转子不同，按不同的转子结构又分为电磁式和非电磁式两大类。非电磁式又分为磁滞式、永磁式和反应式等多种。其中磁滞式和反应式同步电动机存在效率低、功率因数较差、制造容量不大等缺点。数控机床中多用永磁式同步电动机。与电磁式相比，永磁式的优点是结构简单，运行可靠，效率较高；缺点是体积大，启动特性欠佳。但永磁式同步电动机采用高剩磁感应、高矫顽力的稀土类磁铁后，可比直流电动机外形尺寸约小 1/2，质量减轻 60%，转子惯量减到直流电动机的 1/5。它与异步电动机相比，由于采用了永磁铁励磁，消除了励磁损耗及有关的杂散损耗，所以效率高。又因为没有电磁式同步电动机所需的集电环和电刷等，其机械可靠性与感应（异步）电动机相同，而功率因数大大高于异步电动机，从而使永磁同步电动机的体积比异步电动机小些。这是因为在低速时，感应（异步）电动机由于功率因数低，输出同样的有功功率时，它的视在功率却要大得多，而电动机的主要尺寸是根据视在功率而定的。

5. 参数

1）精度

步进电动机的步距角一般为 1.8°（两相）或 0.72°（五相），而交流伺服电动机的精度取决于电动机编码器的精度。以伺服电动机为例，其编码器为 16 位，驱动器每接收 2 的 16 次方个脉冲，即 65 536 个脉冲，电动机转一圈，其脉冲当量为 360°/65 536 = 0.005 5°，并实现了位置的闭环控制，从根本上克服了步进电动机的失步问题。

2）矩频特性

步进电动机的输出力矩随转速的升高而下降，且在较高转速时会急剧下降，其工作转速一般在每分钟几十转到几百转。而交流伺服电动机在其额定转速（一般为 2 000 r/min 或 3 000 r/min）以内为恒转矩输出，在额定转速以上为恒功率输出。

3）过载能力

具有速度过载和转矩过载能力。其最大转矩为额定转矩的 3 倍，可用于克服惯性负载在启动瞬间的惯性力矩。

4）加速性能

步进电动机空载时从静止加速到每分钟几百转，需要 200 ~ 400 ms，而交流伺服电动机的加速性能要比步进电动机好。

6. 伺服电动机安装注意事项

1）注意油水保护

虽然伺服电动机可以用在可以受水或者是油侵袭的场所之中，但是并不意味着该设备就是完全防水防油的，所以应该注意安装的地点要无油无水，避免将伺服电动机浸泡在水或者油液之中，并且要做好相应的保护措施，最好是能够给设备加装一个油封，用来防止油进入电动机中。

2）注意减轻应力

在安装伺服电动机时应确保电缆不会因为各种外部应力而受到弯曲，也不会因为自重而受到力矩或者受到垂直负荷，所以安装时应该把电缆固定在一个静止的部位，并且使用附加电缆来进行延长，以减轻弯曲应力对电缆的影响。

3）注意轴端负载

每台伺服电动机的径向和轴向负载都有一定的范围，所以在安装时要特别小心刚性联轴器的安装，不要将其过度弯曲，以避免导致轴端负载过大，轴端和轴承之间磨损。如果条件允许，最好使用柔性联轴器，并且要使径向负载低于允许值，从而起到保护轴端和轴承的作用。

以上这三个方面就是在安装伺服电动机时应该注意的几个事项。因为伺服电动机在生产中起着比较重要的作用，所以不仅要尽量选择国内知名的伺服电动机，同时还要在安装时注意这些事情以确保能够正确安装，从而使伺服电动机安装完毕之后能够发挥出最大的功效。

二、伺服驱动器

伺服驱动器又称为"伺服控制器""伺服放大器",是用来控制伺服电动机的一种控制器,其作用类似于变频器作用于普通交流马达,属于伺服系统的一部分,主要应用于高精度的定位系统。一般是通过位置、速度和力矩三种方式对伺服电动机进行控制,实现高精度的传动系统定位,目前是传动技术的高端产品。

伺服驱动器是现代运动控制的重要组成部分,被广泛应用于工业机器人及数控加工中心等自动化设备中。尤其是应用于控制交流永磁同步电动机的伺服驱动器已经成为国内外研究的热点。当前交流伺服驱动器设计中普遍采用基于矢量控制的电流、速度、位置三闭环控制算法。该算法中速度闭环设计合理与否,对于整个伺服控制系统,特别是速度控制性能的发挥起到关键作用。

在伺服驱动器速度闭环中,电动机转子实时速度测量精度对于改善速度环的转速控制动静态特性至关重要。为寻求测量精度与系统成本的平衡,一般采用增量式光电编码器作为测速传感器,与其对应的常用测速方法为M/T测速法。M/T测速法虽然具有一定的测量精度和较宽的测量范围,但有固有的缺陷,主要包括:

(1)测速周期内必须检测到至少一个完整的码盘脉冲,限制了最低可测转速。

(2)用于测速的两个控制系统定时器开关难以严格保持同步,在速度变化较大的测量场合中无法保证测速精度。因此应用该测速法的传统速度环设计方案难以提高伺服驱动器速度跟随与控制性能。

1. 工作原理

目前主流的伺服驱动器均采用数字信号处理器(DSP)作为控制核心,可以实现比较复杂的控制算法,实现数字化、网络化和智能化。功率器件普遍采用以智能功率模块(IPM)为核心设计的驱动电路,IPM内部集成了驱动电路,同时具有过电压、过电流、过热、欠压等故障检测保护电路,在主回路中还加入软启动电路,以减小启动过程对驱动器的冲击。功率驱动单元首先通过三相全桥整流电路对输入的三相电或者市电进行整流,得到相应的直流电。经过整流好的三相电或市电,再通过三相正弦PWM电压型逆变器变频来驱动三相永磁式同步交流伺服电动机。功率驱动单元的整个过程可以简单地说就是AC-DC-AC的过程。整流单元(AC-DC)主要的拓扑电路是三相全桥不控整流电路。三菱某型号伺服驱动器外形如图1-3-1所示。

图1-3-1 三菱伺服驱动器

随着伺服系统的大规模应用,伺服驱动器使用、伺服驱动器调试、伺服驱动器维修都是伺服驱动器在当今比较重要的技术课题,越来越多的工控技术服务商对伺服驱动器进行了技术深层次研究。

2. 伺服进给系统的要求

（1）调速范围宽。

（2）定位精度高。

（3）有足够的传动刚性和高的速度稳定性。

（4）快速响应，无超调。为了保证生产率和加工质量，除了要求有较高的定位精度外，还要求有良好的快速响应特性，即要求跟踪指令信号的响应要快，因为数控系统在启动、制动时，要求加、减速度足够大，缩短进给系统的过渡过程时间，减小轮廓过渡误差。

（5）低速大转矩，过载能力强。一般来说，伺服驱动器具有数分钟甚至半小时内1.5倍以上的过载能力，在短时间内可以过载4~6倍而不损坏。

（6）可靠性高。要求数控机床的进给驱动系统可靠性高、工作稳定性好，具有较强的温度、湿度、振动等环境适应能力和很强的抗干扰能力。

3. 对电动机的要求

（1）从最低速到最高速电动机都能平稳运转，转矩波动要小，尤其是在低速（如0.1 r/min）或更低速时，仍有平稳的速度而无爬行现象。

（2）电动机应具有大的、较长时间的过载能力，以满足低速大转矩的要求。一般交流伺服电动机要求在数分钟内过载4~6倍而不损坏。

（3）为了满足快速响应的要求，电动机应有较小的转动惯量和大的堵转转矩，并具有尽可能小的时间常数和启动电压。

（4）电动机应能承受频繁启、制动和反转。

4. 伺服驱动器安装要求

（1）安装位置：室内，无水、无粉尘、无腐蚀气体、良好通风。

（2）如何安装：垂直安装，通风良好。

（3）安装到金属的底板上。

（4）如可能，请在控制箱内另外安装通风风扇。

（5）驱动器与电焊机、放电加工设备等使用同一路电源，或驱动器附近有高频干扰设备时，请采用隔离变压器和有源滤波器。

（6）将伺服驱动器安装在干燥且通风良好的场所。

（7）尽量避免受到振动或撞击。

（8）尽一切可能防止金属粉尘及铁屑进入驱动器内。

（9）安装时请确认驱动器固定，不易松动脱落。

（10）接线端子必须有绝缘保护。

（11）在断开驱动器电源后，必须间隔10 s后方能再次给驱动器通电，否则频繁的通断电会导致驱动器损坏。

（12）在断开驱动器电源后1 min内，禁止用手直接接触驱动器的接线端子，否则会有触电的危险。

（13）当在一个机箱内安装多个驱动器时，为了伺服驱动器的良好散热，避免相互间电磁干扰，建议在机箱内采用强制风冷。

(14)通风间隔。典型的机床电气柜伺服驱动器安装间距如图1-3-2所示。

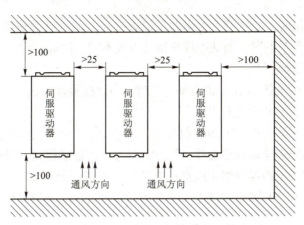

图1-3-2 通风间隔设置

任务实施

一、FANUC第三方伺服电动机的连接(包括电动机动力线及反馈线的连接两部分)

1. 总连接示意

FANUC伺服驱动器与第三方电动机连接的方式有两种,即TYPE A型和TYPE B型。
FANUC串行接口(TYPE A):如图1-3-3所示。

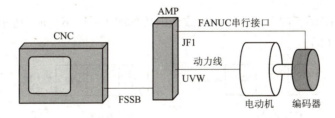

图1-3-3 TYPE A型连接

A/B相为正弦波增量信号+高分辨率串行输出电路(TYPE B):如图1-3-4所示。

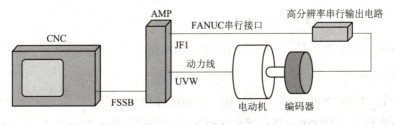

图1-3-4 TYPE B型连接

2. 动力线的连接

驱动第三方电动机时，必须留意编码器反馈方向和电动机反电动势（BEMF）方向之间的关系。两者之间的关系不同，则动力线连接的方式不同。因此，为了了解电动机反电动势的方向，需要准备示波器。

（1）连接电动机编码器反馈线至 SVM（此时，不要连接动力线）。

（2）CNC 正常开机后松开急停开关。

（3）之后，按下急停开关，盘动电动机，从位置显示屏幕确认电动机编码器的反馈方向。

（4）连接示波器分别至每根动力线（U、V、W）。测量每根动力线对地之间的电压。

（5）手动朝电动机编码器反馈正向盘动电动机，观察每个 BEMF。

（6）如果输出的 BEMF 波形如图 1-3-5 所示，则可认为该情况为 BEMF 的正向。

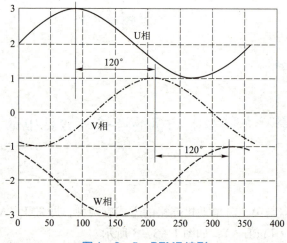

图 1-3-5 BEMF 波形

（7）如果 BEMF 的正向和反馈正向一致，则按如图 1-3-6（a）所示进行连接，否则调整为图 1-3-6（b）。

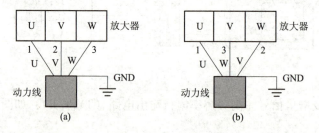

图 1-3-6 伺服电动机接线

注：动力线相序不正确时，可能造成伺服电动机励磁后抖动或飞车。

3. 反馈线的连接

注意：TYPE A 和 TYPE B 连接时各相应管脚的连接。

例如使用海德汉 ERM180 + 高分辨率串行输出回路时，连接如图 1-3-7 及图 1-3-8 所示。

项目一 数控机床进给电动机驱动控制

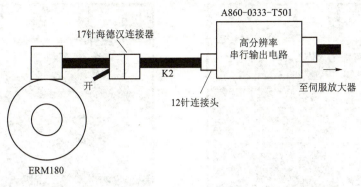

图 1-3-7 海德汉连接

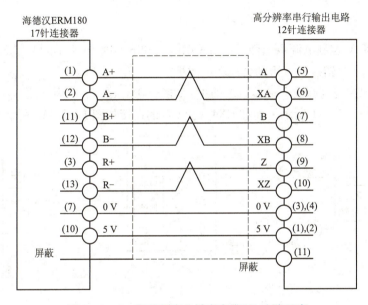

图 1-3-8 海德汉高分辨率电缆 K2 连接示意

二、发那科伺服连接

1. 以 $0i$ C 配 αi 放大器（带主轴放大器）为例的连接（图 1-3-9）

以 $0i$ C 配 αi 放大器（带主轴放大器）为例的连接（图 1-3-9）中，A 为主轴指令线，接 NC 端的 JA7A；B 为伺服指令线（光缆），连接到系统轴卡的 COP10A。

各放大器之间通信线 CXA1A 到 CXA1B，从电源到主轴连接是水平连接（没有交叉），而从主轴到伺服放大器，再到后面的伺服放大器都是交叉连接，如果连接错误，则会出现电源模块和主轴模块异常报警现象。伺服放大器连接示意如图 1-3-10 所示。

注意：

（1）PSM、SPM、SVM（伺服模块）之间的短接片（TB1）是连接主回路的直流 300 V 电压用的连接线，一定要拧紧。如果没有拧得足够紧，轻则产生报警，重则烧坏电源模块（PSMi）和主轴模块（SPMi）。

35

图 1-3-9　发那科 αi 伺服放大器

图 1-3-10　发那科放大器连接

（2）AC 200 V 控制电源由上面的 CX1A 引入，和下面的 MCC/ESP（CX3/CX4）内部连接，注意一定不要接错接反，否则会烧坏电源板。

（3）PSM 的控制电源输入端 CX1A 的 1、2 接 200 V 输入，3 为地线。CX3（MCC）和 CX1A 接线如图 1-3-11 所示，而和 CX4（ESP）的连接如图 1-3-12 所示。

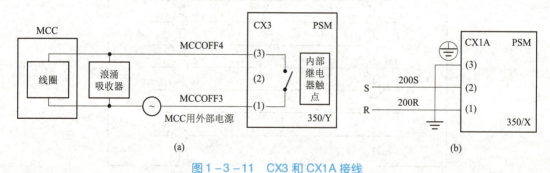

图 1-3-11　CX3 和 CX1A 接线
（a）CX3（MCC）的连接方法；（b）CX1A（AC 200 V）连接

（4）伺服电动机动力线和反馈线都带有屏蔽层，一定要将屏蔽做接地处理，并且信号线和动力线要分开接地，以免由于干扰而产生报警。αi 放大器接地如图 1-3-13 所示。

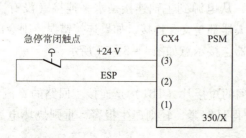

图 1-3-12　CX4（ESP）的连接

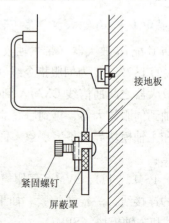

图 1-3-13　αi 放大器接地

放电电阻的接法如图 1-3-14 所示。

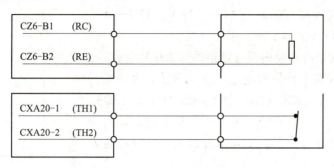

图 1-3-14　放电电阻接线

如果不需要外接放电电阻,则 CXA20 的 1-2 短接,而 CZ6 的短接处理不同,需要短接 A1-A2,如果错误地短接了 B1-B2,则电动机不能正常运行。放电电阻空接如图 1-3-15 所示。

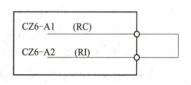

图 1-3-15　放电电阻空接

对于 SVU-4/20 和 SVU2-20/20 的放大器,如果不接外置放大器,则 CZ7-2 或 TB 不需要短接处理,短接过热信号。

2. 在伺服放大器 βi 系列中,SVPM 是带主轴的一体型放大器,其连接如图 1-3-16 所示

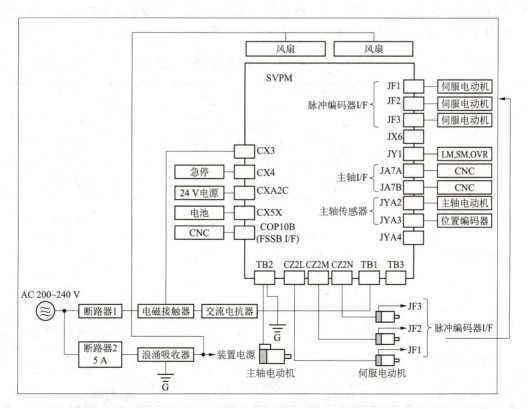

图 1-3-16　βi-SVPM 放大器连接

注意：

(1) 24 V 电源连接 CXA2C（A1——24 V，A2——0 V）。

(2) TB3（SVPM 的右下面）不要接线。

(3) 上部的两个冷却风扇要自己接外部 200 V 电源。

(4) 三个（或两个）伺服电动机的动力线放大器端的插头盒是有区别的，CZ2L（第一轴）、CZ2M（第二轴）、CZ2N（第三轴）分别对应 XX、XY、YY 型标记，动力线都是将插头盒单独放置，根据实际情况装入，所以在装入时要注意一一对应。

上述图中的 TB2 和 TB1 不要搞错，TB2（左侧）为主轴电动机动力线，而 TB1（右端）为三相 200 V 输入端，TB3 为备用（主回路直流侧端子）（一般不要连接线）。如果将 TB1 和 TB2 接反，则测量 TB3 电压正常（约直流 300 V），但系统会出现 401 报警。

(5) 伺服电动机动力线和反馈线带有屏蔽，一定要将屏蔽做接地处理，并且信号线和动力线要分开接地，以免由于干扰产生报警。βi 放大器接地如图 1-3-17 所示。

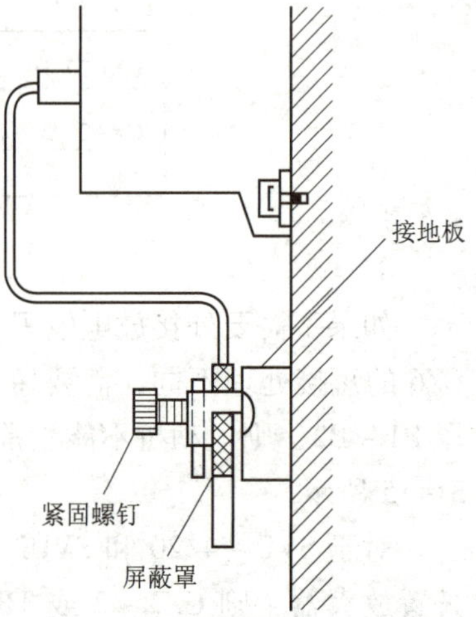

(6) 对不带主轴的 βi 伺服放大器系列，放大器是单轴型或双轴型，没有电源模块，分 SVM1-4/20、SVM1-40/80 和两轴 SVM2-20/20 三种规格。其主要区别是电源和电动机动力线的连接。连接电缆时一定要看清楚插座边上的标注。βi-SVM 系列伺服放大器强电端子定义如表 1-3-1 所示。

图 1-3-17　βi 放大器接地

表 1-3-1　βi-SVM 系列伺服放大器强电端子

放大器型号	插座号	标记	意义
SVM1-4/20	CZ7-1	L2/L1 */L3	三相电源输入
	CZ7-2	DCN/DCP	放电电阻
	CZ7-3	V/U */W	电动机动力线
SVM1-40/80	CZ4（前）	*/L3 L1/L2	三相电源输入
	CZ5（中）	*/V W/U	三相电动机动力线
	CZ6（后）	R1/RC RE/RC	放电电阻
SVM2-20/20	CZ4（前）	*/L3 L1/L2	三相电源输入
	CZ5L（中） CZ5M（后）	*/V W/U	三相电动机动力线
	TB（上）	DCP/DCC	放电电阻

以 SVM1 -40/80 为例，连接如图 1 -3 -18 所示，其他类型的可以参照此图连接。

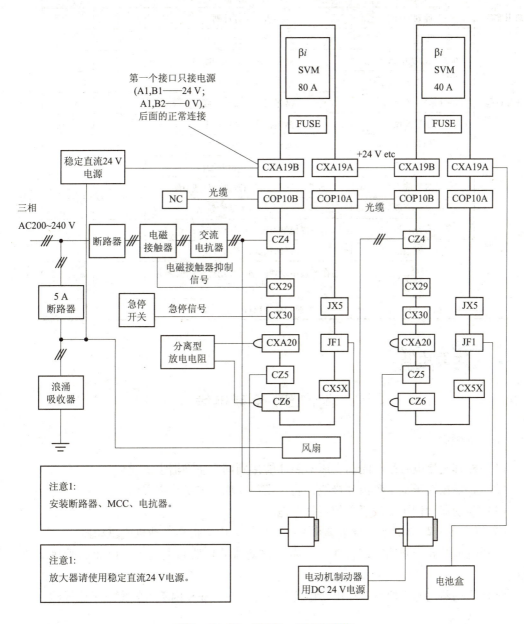

图 1 -3 -18　SVM1 -40/80 连接

任务评价

根据任务完成过程中的表现，填写表 1 -3 -2。

表1-3-2 任务评价

项目	评价要素	评价标准	自我评价	小组评价	综合评价
知识准备	资料准备	参与资料收集、整理、自主学习			
	计划制订	能初步制订计划			
	小组分工	分工合理，协调有序			
任务过程	伺服电动机电源接线	操作正确，熟练程度			
	伺服电动机反馈线	操作正确，熟练程度			
	伺服放电电阻	操作正确，熟练程度			
	伺服反馈接线	操作正确，熟练程度			
	伺服光纤	操作正确，熟练程度			
拓展能力	知识迁移	能实现前后知识的迁移			
	应变能力	能举一反三，提出改进建议或方案			
学习态度	主动程度	自主学习主动性强			
	合作意识	协作学习能与同伴团结合作			
	严谨细致	仔细认真，不出差错			
	问题研究	能在实践中发现问题，并用理论知识解决实践中的问题			
	安全规程	遵守操作规程，安全操作			

任务拓展

国产 SD 系列接线

一、注意

（1）外部交流电必须经隔离变压器后才能接到伺服驱动器上。

（2）必须按端子电压和极性接线，防止设备损坏或人员伤害。

（3）驱动器和伺服电动机必须良好接地。

（4）U、V、W 与电动机绕组必须一一对应，否则会损坏电动机或驱动器。

（5）电缆及导线须固定好，并避免靠近驱动器散热器和电动机，以免因受热降低绝缘性能。

（6）驱动器内有大容量高压电解电容，在断电后 5 min 内不可触摸端子或导线。

二、标准接线

本交流伺服驱动器的接线与控制方式等有关。

1. 在位置/模拟量控制模式下按照图示要求连接 SD15MT/SD20MT/SD30MT/SD50MN 线路

SD15MT 位置/模拟量控制方式（华大电机、温岭宇海、常州常华、常州新月）标准接线如图 1-3-19 所示。

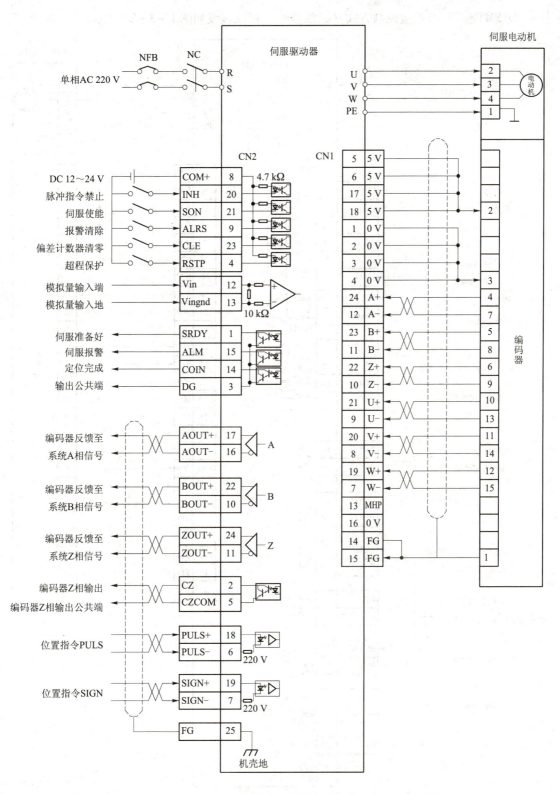

图1-3-19 SD15MT 位置/模拟量控制方式（华大电机、温岭宇海、常州常华、常州新月）标准接线

SD15MT 位置/模拟量控制方式（武汉登奇）标准接线如图1-3-20所示。

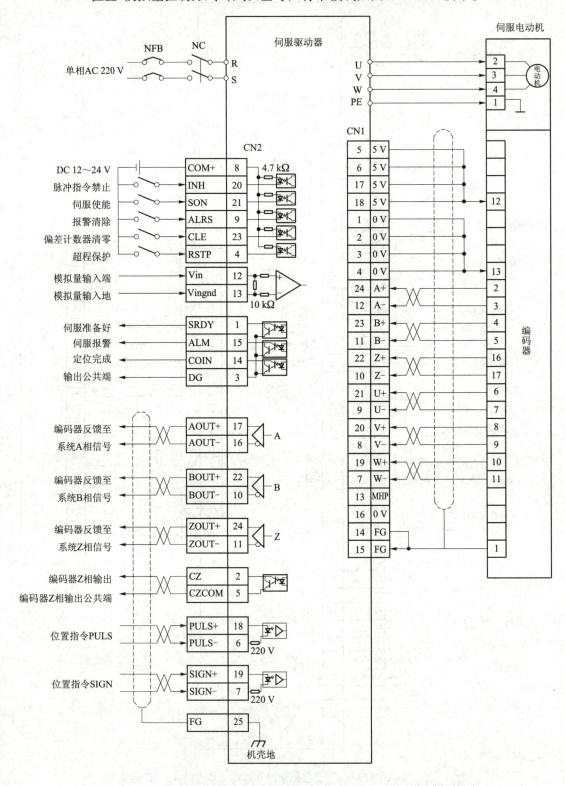

图1-3-20　SD15MT 位置/模拟量控制方式（武汉登奇）标准接线

SD15MT 位置/模拟量控制方式（南京苏强 SQA 系列）标准接线如图 1-3-21 所示。

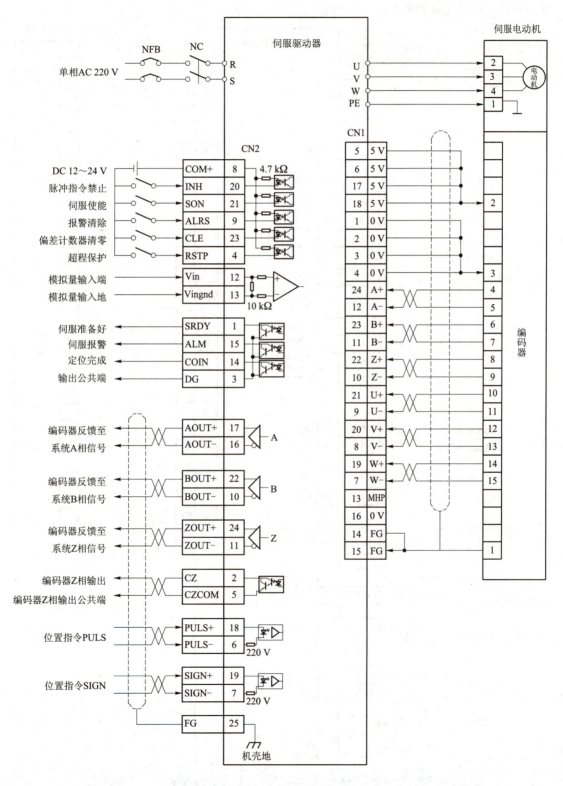

图 1-3-21 SD15MT 位置/模拟量控制方式（南京苏强 SQA 系列）标准接线

SD20MT/SD30MT/SD50MN 位置/模拟量控制方式（华大电机、温岭宇海、常州常华、常州新月）标准接线如图 1-3-22 所示。

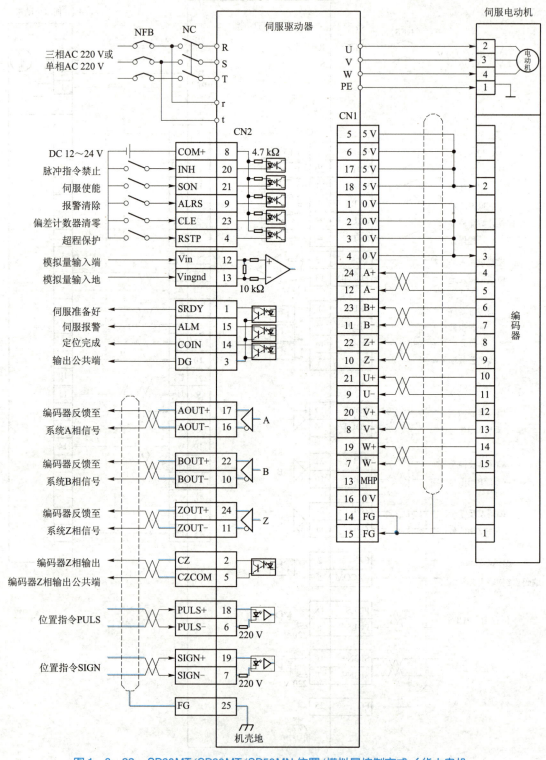

图 1-3-22　SD20MT/SD30MT/SD50MN 位置/模拟量控制方式（华大电机、温岭宇海、常州常华、常州新月）标准接线

SD20MT/SD30MT/SD50MN 位置/模拟量控制方式（武汉登奇）标准接线如图1-3-23所示。

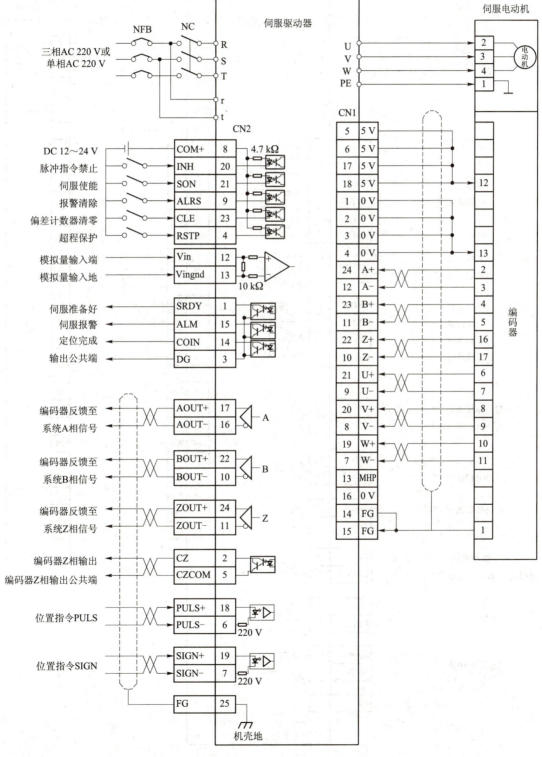

图1-3-23　SD20MT/SD30MT/SD50MN 位置/模拟量控制方式（武汉登奇）标准接线

SD20MT/SD30MT/SD50MN 位置/模拟量控制方式（南京苏强 SQA 系列）标准接线如图 1-3-24 所示。

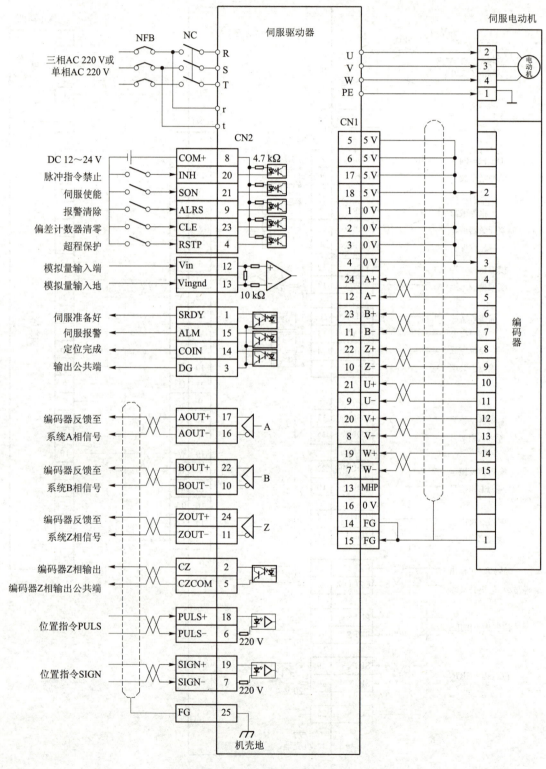

图 1-3-24　SD20MT/SD30MT/SD50MN 位置/模拟量控制方式（南京苏强 SQA 系列）标准接线

2. 配线

1) 电源端子 TB

(1) R、S、T、U、V、W 各端子线径必须 ≥1.5 mm²（AWG14~16），r、t 端子线径必须 ≥1.0 mm²（AWG16~18）。

(2) PE 接地线的线径为 2 mm² 以上。驱动器和伺服电动机必须在驱动器的 PE 端子上一点接地，接地电阻应 <100 Ω。

(3) 本机接线端子采用 JUT - 1.5 - 3 冷压预绝缘端子，务必连接牢固。

(4) SD15M 应当采用单相隔离变压器供电，SD20MN、SD30MN、SD50MN、SD75MN 应当采用三相隔离变压器供电，以减少电动机伤人的可能性。在市电与隔离变压器之间最好能加装噪声滤波器，提高系统的抗干扰能力。

(5) 请安装非熔断型（NFB）断路器，使驱动器在发生故障时能及时切断外部电源。

2) 控制信号 CN2 端子、反馈信号 CN1 端子

(1) 线径：采用屏蔽电缆（最好选用绞合屏蔽电缆），线径 ≥0.12 mm²，屏蔽层需接 FG 端子。

(2) 线长：电缆长度尽可能短，控制信号 CN2 电缆不超过 3 m，反馈信号 CN1 电缆长度不超过 20 m。

(3) 布线：远离动力线路布线，以防干扰串入。

(4) 请给相关线路中的感性元件（线圈）安装浪涌吸收元件：直流线圈反向并联续流二极管，交流线圈并联阻容吸收回路。

三、SD15MT/SD20MT/SD30MT/SD50MN 端子功能

1. 端子配置

图 1 - 3 - 25 所示为伺服驱动器接口端子配置图。其中 TB1 为 SD15MT/SD20MT/SD30MT

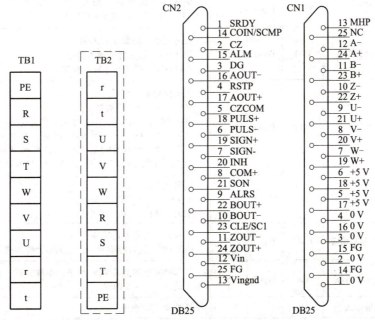

图 1 - 3 - 25　SD15MT/SD20MT/SD30MT/SD50MN 伺服驱动器接口端子配置

端子排，TB2 为 SD50MN 端子排；CN2 为 DB25 接插件，插座为针式，插头为孔式；CN1 也为 DB25 接插件，插座为孔式，插头为针式。

说明：在模拟量速度控制模式时，Vin 为模拟量输入端，Vingnd 为模拟量输入地。AOUT+、AOUT-、BOUT+、BOUT-、ZOUT+、ZOUT- 是编码器反馈到系统的信号。

2. 电源端子 TB（表 1-3-3）

表 1-3-3　电源端子 TB

端子号	端子记号	信号名称	功能
TB-1	R	主回路电源单相或三相	主回路电源端子 ~220 V，50 Hz。注意：不要同电动机输出端子 U、V、W 连接
TB-2	S		
TB-3	T		
TB-4	PE	系统接地	接地端子接地电阻 < 100 Ω；伺服电动机输出和电源输入公共一点接地
TB-5	U	伺服电动机输出	伺服电动机输出端子，必须与电动机 U、V、W 端子对应连接
TB-6	V		
TB-7	W		
TB-8	r	控制电源单相	控制回路电源输入端子 ~220 V，50 Hz。备注：在 SD15MT 的 TB1 中不用接
TB-9	t		

3. 控制端子 CN2（表 1-3-4）

控制方式简称：P 代表位置控制方式，S 代表模拟量速度控制方式。

表 1-3-4　控制信号输入/输出端子 CN2

端子号	信号名称	记号	I/O	方式	功能
CN2-8	输入端子的电源正极	COM+	Type1		输入端子的电源正极用来驱动输入端子的光电耦合器 DC 12～24 V，电流 ≥100 mA
CN2-20	指令脉冲禁止	INH	Type1	P	位置指令脉冲禁止输入端子。INH ON：指令脉冲输入禁止；INH OFF：指令脉冲输入有效
CN2-21	伺服使能	SON	Type1	P, S	伺服使能输入端子。SON ON：允许驱动器工作；SON OFF：驱动器关闭，停止工作电动机处于自由状态。注1：从 SON OFF 打到 SON ON 前，电动机必须是静止的；注2：打到 SON ON 后，至少等待 5 ms 再输入命令；注3：如果用 PA27 打开内部使能，则 SON 信号不检测
CN2-9	报警消除	ALRS	Type1	P, S	报警清除输入端子。ALRS ON：清除系统报警；ALRS OFF：保持系统报警
CN2-23	偏差计数器清零	CLE	Type1	P	位置偏差计数器清零输入端子。CLE ON：位置控制时，位置偏差计数器清零
CN2-12	模拟量输入端	Vin	Type4	S	外部模拟速度指令输入端子。单端方式，输入阻抗 10 kΩ，输入范围 -10～+10 V
CN2-13	模拟量输入地	Vingnd			模拟输入的地线

续表

端子号	信号名称	记号	I/O	方式	功能
CN2－1	伺服准备好输出	SRDY	Type 2	P，S	伺服准备好输出端子。 SRDY ON：控制电源和主电源正常，驱动器没有报警，伺服准备好输出 ON； SRDY OFF：主电源未合或驱动器有报警，伺服准备好输出 OFF
CN2－15	伺服报警输出	ALM	Type 2	P，S	伺服报警输出端子。 可以用 PA27 参数来改变报警输出电平高或低有效
CN2－14	定位完成输出	COIN	Type 2	P	定位完成输出端子。 COIN ON：当位置偏差计数器数值在设定的定位范围时，定位完成输出 ON
CN2－4	超程保护	RSTP	Type 1	P，S	外接超程保护信号，信号有效时产生 Err—32 报警
CN2－3	输出端子的公共端	DG			控制信号输出端子（除 CZ 外）的地线公共端
CN2－17	编码器 A 相信号	AOUT＋	Type 5	P，S	编码器 A、B、Z 信号差分驱动输出（26LS31 输出，相当于 RS422）；非隔离输出（非绝缘）
CN2－16		AOUT－		P，S	
CN2－22	编码器 B 相信号	BOUT＋	Type 5	P，S	
CN2－10		BOUT－		P，S	
CN2－24	编码器 Z 相信号	ZOUT＋	Type 5	P，S	
CN2－11		ZOUT－		P，S	
CN2－2	编码器 Z 相集电极开路输出	CZ	Type 6	P，S	编码器 Z 相信号由集电极开路输出，编码器 Z 相信号出现时，输出 ON（输出导通），否则输出 OFF（输出截止）；非隔离输出（非绝缘）；在上位机，通常 Z 相信号脉冲很窄，故请用高速光电耦合器接收
CN2－5	编码器 Z 相输出的公共端	CZCOM			编码器 Z 相输出端子的公共端
CN2－18	指令脉冲 PULS 输入	PULS＋	Type 3	P	外部指令脉冲输入端子。 注：用 PA－9 设定脉冲输入方式： 1）指令脉冲＋符号方式； 2）CCW/CW 指令脉冲方式
CN2－6		PULS－			
CN2－19	指令脉冲 SIGN 输入	SIGN＋	Type 3	P	
CN2－7		SIGN－			
CN2－25	屏蔽地线	FG			屏蔽地线端子

4. 反馈信号端子 CN1（表 1－3－5）

表 1－3－5　反馈信号端子 CN1

端子号	信号名称	端子记号			颜色	功能
		记号	I/O	方式		
CN1－5 CN1－6 CN1－17 CN1－18	5 V 电源	＋5 V				伺服电动机光电编码器用＋5 V 电源；电缆长度较长时，应使用多根芯线并联，减小线路压降
CN1－1 CN1－2 CN1－3 CN1－4 CN1－16	电源公共地	0 V				

续表

端子号	信号名称	端子记号			颜色	功能
		记号	I/O	方式		
CN1-24	编码器A+输入	A+		Type 4		与伺服电动机光电编码器A+相连接
CN1-12	编码器A-输入	A-				与伺服电动机光电编码器A-相连接
CN1-23	编码器B+输入	B+		Type 4		与伺服电动机光电编码器B+相连接
CN2-11	编码器B-输入	B-				与伺服电动机光电编码器B-相连接
CN2-22	编码器Z+输入	Z+		Type 4		与伺服电动机光电编码器Z+相连接
CN2-10	编码器Z-输入	Z-				与伺服电动机光电编码器Z-相连接
CN1-21	编码器U+输入	U+		Type 4		与伺服电动机光电编码器U+相连接
CN1-9	编码器U-输入	U-				与伺服电动机光电编码器U-相连接
CN1-20	编码器V+输入	V+		Type 4		与伺服电动机光电编码器V+相连接
CN1-8	编码器V-输入	V-				与伺服电动机光电编码器V-相连接
CN1-19	编码器W+输入	W+		Type 4		与伺服电动机光电编码器W+相连接
CN1-7	编码器W-输入	W-				与伺服电动机光电编码器W-相连接

任务四　交流进给电动机及其进给驱动控制调试

 任务描述

认知数控机床常见的交流伺服电动机及其进给驱动控制调试，掌握其调试方法及其注意事项。

 知识链接

一、伺服电动机的调试方法

1. 初始化参数

（1）在接线之前，先初始化参数。

（2）在控制卡上：选好控制方式；将PID参数清零；让控制卡上电时默认使能信号关闭；将此状态保存，确保控制卡再次上电时即此状态。

（3）在伺服电动机上：设置控制方式；设置使能由外部控制；设置编码器信号输出的齿轮比；设置控制信号与电动机转速的比例关系。

一般来说，建议使伺服工作中的最大设计转速对应9 V的控制电压。

2. 接线

（1）将控制卡断电，连接控制卡与伺服之间的信号线。

（2）必须接的线：控制卡的模拟量输出线、使能信号线、伺服输出的编码器信号线。

（3）复查接线没有错误后，伺服电动机和控制卡（以及PC）上电。

（4）此时电动机应该不动，而且可以用外力轻松转动。如果不是这样，则检查使能信号的设置与接线。用外力转动电动机，检查控制卡是否可以正确检测到电动机位置的变化，否则检查编码器信号的接线和设置。

3. 试方向

注意：对于一个闭环控制系统，如果反馈信号的方向不正确，后果是灾难性的。

（1）通过控制卡打开伺服的使能信号。这时伺服应该以一个较低的速度转动，这就是传说中的"零漂"。

（2）在控制卡上设置抑制零漂的指令或参数。使用这个指令或参数，看电动机的转速和方向是否可以通过这个指令（参数）控制。

（3）如果不能控制，检查模拟量接线及控制方式的参数设置。

（4）确认给出正数，电动机正转，编码器计数增加；给出负数，电动机反转，编码器计数减小。

注意：①如果电动机带有负载，行程有限，不要采用这种方式。

②测试不要给过大的电压，建议在1 V以下。

③如果方向不一致，可以修改控制卡或电动机上的参数，使其一致。

4. 抑制零漂

在闭环控制过程中，零漂的存在会对控制效果有一定的影响，最好将其抑制住。

（1）使用控制卡或伺服上抑制零漂的参数，仔细调整，使电动机的转速趋近于零。

（2）由于零漂本身也有一定的随机性，所以不必要求电动机转速绝对为零。

5. 建立闭环控制

通过控制卡将伺服使能信号放开，在控制卡上输入一个较小的比例增益，至于多大算较小，则凭经验。为了安全起见，请输入控制卡能允许的最小值，将控制卡和伺服的使能信号打开。

这时，伺服电动机应该已经能够按照运动指令大致做出动作了。

6. 调整闭环参数

细调控制参数，确保电动机按照控制卡的指令运动，这是必须做的工作，而这部分工作更多的是依靠经验，这里只能从略。

二、伺服电动机的注意事项

1. 伺服电动机油和水的保护

（1）伺服电动机可以用在会受水或油滴侵袭的场所，但是它不是全防水或防油的。因此，伺服电动机不应当放置或使用在水中或油浸的环境中。

（2）如果伺服电动机连接到一个减速齿轮，则在使用伺服电动机时加油封，以防减速齿轮的油进入伺服电动机。

（3）伺服电动机的电缆不要浸没在油或水中。

2. 伺服电动机电缆→减轻应力

（1）确保电缆不因外部弯曲力或自身重力而受到力矩或垂直负荷，尤其是在电缆出口处或连接处。

（2）在伺服电动机移动的情况下，应把电缆（就是随电动机配置的那根）牢固地固定到一个静止的部分（相对电动机），并且应当用一个装在电缆支座里的附加电缆来延长它，这样弯曲应力可以减到最小。

（3）将电缆的弯头半径做得尽可能大。

3. 伺服电动机允许的轴端负载

（1）确保在安装和运转时加到伺服电动机轴上的径向和轴向负载控制在每种型号的规定值以内。

（2）在安装一个刚性联轴器时要格外小心，特别是过度的弯曲负载可能导致轴端和轴承的损坏或磨损。

（3）最好用柔性联轴器，以便使径向负载低于允许值，此物是专为高机械强度的伺服电动机设计的。

（4）关于允许轴负载，请参阅"允许的轴负荷表"（使用说明书）。

4. 伺服电动机安装注意事项

（1）在安装/拆卸耦合部件到伺服电动机轴端时，不要用锤子直接敲打轴端（若用锤子直接敲打轴端，则伺服电动机轴另一端的编码器要被敲坏）。

（2）竭力使轴端对齐到最佳状态（对不好可能导致振动或轴承损坏）。

三、伺服参数

伺服控制是一个比较复杂的过程，参数的使用也相对比较复杂，一般伺服参数个数少的也有几十个，多的有七八百个，修改起来比较麻烦。在调节参数时，主要调节与控制功能相关的一些参数，其他参数只与设计和硬件相关。基本上伺服系统确定以后，参数也就确定了下来，不需要调试人员去修改。控制功能的参数不多，常用的有几个。

1. 控制类参数

可以选择输入/输出信号定义，内部控制功能选择等。

如：位置指令脉冲方向或速度指令输入取反；是否允许反馈断线报警；是否允许CCW极限开关输入；是否允许由系统内部启动SVR-ON控制。

2. 伺服运动特性调节有关的参数

1）位置比例增益

（1）设定位置环调节器的比例增益。

（2）设置值越大，增益越高，刚度越大，则在相同频率指令脉冲条件下，位置滞后量越小。但数值太大可能会引起振荡或超调。

（3）参数值由具体的伺服系统型号和负载情况确定。

2）位置前馈增益

（1）设定位置环的前馈增益。

（2）设定值越大，表示在任何频率的指令脉冲下位置滞后量越小。

（3）若位置环的前馈增益大，则控制系统的高速响应特性提高，但会使系统的位置不稳定，容易产生振荡。

（4）不需要很高的响应特性时，本参数通常设为0，表示范围为0～100%。

3）速度比例增益

（1）设定速度调节器的比例增益。

（2）设置值越大，增益越高，刚度就越大。参数值根据具体的伺服驱动系统型号和负载值情况确定。一般情况下，负载惯量越大，设定值越大。

（3）在系统不产生振荡的条件下，尽量设定较大的值。

4）速度积分时间常数

（1）设定速度调节器的积分时间常数。

（2）设置值越小，积分速度越快。参数值根据具体的伺服驱动系统型号和负载情况确定。一般情况下，负载惯量越大，设定值就越大。

（3）在系统不产生振荡的条件下，尽量设定较小的值。

5）速度反馈滤波因子

（1）设定速度反馈低通滤波器特性。

（2）数值越大，截止频率越低，电动机产生的噪声就越小。如果负载惯量很大，则可以适当减小设定值。数值太大，造成响应变慢，可能会引起振荡。

（3）数值越小，截止频率越高，速度反馈响应就越快。如果需要较高的速度响应，则可以适当减小设定值。

3. 与位置控制有关的参数

1）位置超差检测范围

（1）设置位置超差报警检测范围。

（2）在位置控制方式下，当位置偏差计数器的计数值超过本参数值时，伺服驱动器便给出位置超差报警。

2）电子齿轮

（1）设置位置指令脉冲的分倍频。

（2）在位置控制方式下，通过对参数设置，可以很方便地与各种脉冲源匹配，以达到理想的控制分辨率（即角度/脉冲）：

$$P \times G = N \times C \times 4$$

式中，P 为输入指令的脉冲数；G 为电子齿轮比；N 为电动机旋转圈数；C 为光电编码器线数/转。

一般通过硬件或通过软件的方式来实现分辨率的提高。

3）位置指令脉冲输入方式

(1) 设置位置指令脉冲的输入形式。

(2) 通过参数设定为三种输入方式之一：两相正交脉冲输入为 1；脉冲 + 方向为 2；CCW 脉冲/CW 脉冲为 3。其中，1/2/3 为参数值。

(3) CCW 是从伺服电动机的轴向观察，反时针方向旋转，定义为正向。

(4) CW 是从伺服电动机的轴向观察，顺时针方向旋转，定义为反向。

4）控制方式选择

用于选择伺服驱动器的控制方式。

(1) 位置控制方式，接收位置脉冲输入指令值为 0。

(2) 模拟速度控制方式，接收模拟速度指令值为 1。

(3) 模拟转矩控制方式，接收模拟转矩指令值为 2。

(4) 其他内部速度控制方式值为 3。

4. 与速度/转矩控制有关的参数

1）速度指令输入增益

设置模拟速度指令的电压值与转速的关系。设定值为电压对应的转速值，在模拟速度输入方式下有效。

2）速度指令零漂补偿

在模拟速度控制方式下，利用参数可以调节模拟速度指令输入的零漂。

调整方法如下：

将模拟控制输入端与信号地短接。设置参数值，至电动机不转；利用电位器调整电压至电动机不转为止。

3）最高速度限制

(1) 设置伺服电动机的最高限速值。

(2) 与旋转方向无关。

(3) 如果设置值超过额定转速，则实际最高限速为额定转速。

任务实施

发那科伺服设置

一、FSSB 连接及设定

FSSB 是指发那科串行伺服总线。从硬件角度看是主板上的轴卡向伺服放大器发出的指令线。硬件连接之后需要设定相应的参数才能够完成通信。

FSSB 连接步骤：

(1) 设定 1902#0#1 = 0（表 1-4-1）。

表1-4-1 设定1902#0#1=0

参数号		#7	#6	#5	#4	#3	#2	#1	#0
1902								ASE	FMD

#1：ASE FSSB 的设定方式为自动设定方式时，0：自动设定未完成；1：自动设定已经完成。

#0：FMD 0：FSSB 的设定方式为自动方式；1：FSSB 的设定方式为手动方式。

（2）按照伺服电动机连接顺序设定参数 1023 的值（表 1-4-2）。

表1-4-2 设定参数1023

1023	伺服轴号

（3）设定控制轴为放大器连接的第几个伺服轴，通常控制轴号与伺服轴号设定相同（表1-4-3）。

表1-4-3 设定控制轴

轴	1020	1022	1023
X	88		1
Y	89		2
Z	90		3
B	66		0
C	67		0

（4）断电，再接通。

（5）FSSB 设定结束，参数 1902#1 会自动变为 1。

FSSB 的放大器设定画面如图 1-4-1 所示。

按下 功能键，按 扩展，按下 FSSB   。

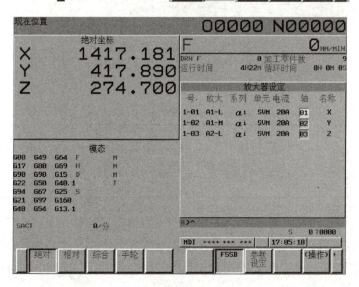

图 1-4-1 FSSB 的放大器设定画面

二、伺服初始化

伺服初始化是在完成了 FSSB 连接与设定的基础上进行电动机的一转移动量以及电动机种类的设定。伺服电动机必须经过初始化相关参数正确设定后才能够正常运行。

设定参数 3111 后，伺服设定画面能够显示（表 1-4-4）。

表 1-4-4 设定参数 3111

参数号	#7	#6	#5	#4	#3	#2	#1	#0
3111								SVS

#0：SVS 0：不显示伺服设定/调整画面；1：显示伺服设定/调整画面。

按下 功能键，按 扩展，按下 ，伺服设定画面显示如图 1-4-2 所示。

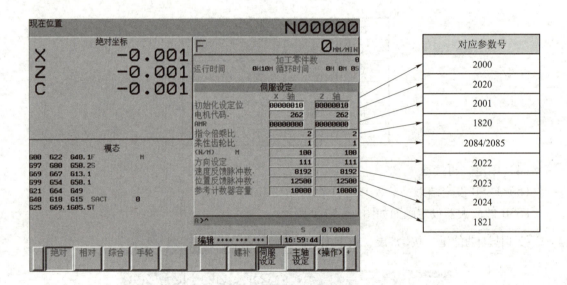

图 1-4-2 伺服设定画面

（1）初始化设定位（表 1-4-5）。

表 1-4-5 初始化设定位

参数号	#7	#6	#5	#4	#3	#2	#1	#0
初始化设定位							DGP	

DGP 0：进行伺服参数的初始设定；1：结束伺服参数的初始设定。

初始化设定完成后，第一位自动变为 1，其他位请勿修改。此参数修改后，会发生 000 号报警，此时不用切断电源，等所有初始化参数设定完成后，一次断电即可。

（2）设定电动机代码。

伺服电动机铭牌上有规格号，如图 1-4-3 所示，根据规格在伺服电动机参数说明书中查找电动机代码进行参数设定。

为了提高伺服装置的性能和实现数控系统的功能，FANUC 对控制不断改进。其中最重要的控制功能为 HRV 控制。HRV 是"高响应矢量"（HIGH RESPONSE VECTOR）的意思。所谓 HRV 控制，是对交流电动机矢量控制从硬件和软件方面进行优化，以实现伺服装置的高性能化，从而使数控机床的加工达到高速和高精度，是提高系统伺服性能的重要指标。

图 1-4-3 伺服电动机铭牌

设定电动机代码时要考虑到 HRV 控制类型。

（3）设定 AMR（表 1-4-6）。

表 1-4-6 设定 AMR

参数	#7	#6	#5	#4	#3	#2	#1	#0
αiS 电动机	0	0	0	0	0	0	0	0
βiS 电动机	0	0	0	0	0	0	0	0

（4）设定 CMR（设定原理见图 1-4-4）。

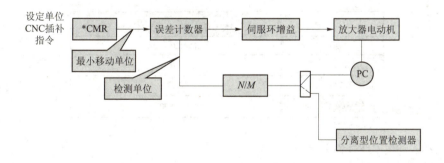

图 1-4-4 CMR 设定

① CMR 计算公式。

$$CMR = \frac{最小移动单位（CNC 侧）}{检测单位（伺服侧）}$$

② 指令被乘比设定值。

CMR 为 1~48 时，设定值 = CMR × 2；

CMR 为 1/27~1/2 时，设定值 = 1/CMR + 100。

当指令和电动机输出为 1 倍关系时，参数值设为 2。通常情况下，此参数设定值为 2。（参数 1820 设定为 2）

(5) 由电动机每转的移动量和"进给变比"的设定,确定机床的检测单位。

$$\frac{\text{进给变比 } N}{\text{进给变比 } M} = \frac{\text{电动机每转的反馈脉冲数}}{100 \text{ 万}} = \frac{\text{电动机每转移动量}/\text{检测单位}}{100 \text{ 万}}$$

无论使用何种脉冲编码器,计算公式都相同。

M、N 均为 32 767 以下的值,分式应为真分数。

例:电动机每转的移动量为 12 mm/r(当减速比为 1∶1 时为丝杠螺距)。

检测单位:1/1 000 mm

$$\frac{N}{M} = \frac{12/0.001}{1\ 000\ 000} = \frac{12\ 000}{1\ 000\ 000} = \frac{12}{1\ 000} = \frac{3}{250}$$

(6) 设定"移动方向"(机床正向移动时伺服电动机旋转方向的设定)(图 1-4-5)。

图 1-4-5 移动方向的设定

(a) 逆时针方向旋转时(设定值=111);(b) 顺时针方向旋转时(设定值=-111)

设定的旋转方向应该是从电动机轴这一侧看的旋转方向。

(7) 设定"速度脉冲数"和"位置脉冲数"(表 1-4-7)。

表 1-4-7 速度脉冲、位置脉冲设定

设定项目	半闭环	全闭环
检测单位	1 μm,0.1 μm	
初始设定位	0	
速度反馈脉冲数	8 192	
位置反馈脉冲数	12 500	

(8) 设定"参考计数器容量"。

返回参考点(零点)的计数器容量,用栅格(电动机的一转信号)设定,通常设定为电动机每转的位置脉冲数(或其整数分之一)。

例如:电动机每转移动 20 mm,检测单位为 1/1 000 mm 时,减速比为 1/17,电动机每转需要脉冲数为 20 000/17 个。

(9) 切断电源,再接通。

(10) 在伺服设定画面,确认初始设定位为 1,即设定完成。

任务评价

根据任务完成过程中的表现,填写表 1-4-8。

表 1-4-8 任务评价

项目	评价要素	评价标准	自我评价	小组评价	综合评价
知识准备	资料准备	参与资料收集、整理，自主学习			
	计划制订	能初步制订计划			
	小组分工	分工合理，协调有序			
任务过程	参考计数器	操作正确，熟练程度			
	速度脉冲数	操作正确，熟练程度			
	位置脉冲数	操作正确，熟练程度			
	电动机转向	操作正确，熟练程度			
	设置初始化参数	操作正确，熟练程度			
拓展能力	知识迁移	能实现前后知识的迁移			
	应变能力	能举一反三，提出改进建议或方案			
学习态度	主动程度	自主学习主动性强			
	合作意识	协作学习能与同伴团结合作			
	严谨细致	仔细认真，不出差错			
	问题研究	能在实践中发现问题，并用理论知识解决实践中的问题			
安全规程		遵守操作规程，安全操作			

任务拓展

发那科常见报警及解决办法

1. SV0301：APC 报警，通信错误

（1）检查反馈线是否存在接触不良情况，必要时更换反馈线。
（2）检查伺服驱动器控制侧板，必要时更换控制侧板。
（3）更换脉冲编码器。

2. SV0306：APC 报警，溢出报警

（1）确认参数 No.2084、No.2085 是否正常。
（2）更换脉冲编码器。

3. SV0307：APC 报警，轴移动超差报警

（1）检查反馈线是否正常。
（2）更换反馈线。

4. SV0360：脉冲编码器代码检查和错误（内装）

（1）检查脉冲编码器是否正常。

(2）更换脉冲编码器。

5. SV0364：软相位报警（内装）

（1）检查脉冲编码器是否正常。

（2）更换脉冲编码器。

（3）检查是否有干扰，确认反馈线屏蔽是否良好。

6. SV0366：脉冲丢失（内装）报警

（1）检查反馈线屏蔽是否良好，是否有干扰。

（2）更换脉冲编码器。

7. SV0367：计数丢失（内装）报警

（1）检查反馈线屏蔽是否良好，是否有干扰。

（2）更换脉冲编码器。

8. SV0368：串行数据错误（内装）报警

（1）检查反馈线屏蔽是否良好。

（2）更换反馈线。

（3）更换脉冲编码器。

9. SV0369：串行数据传送错误（内装）报警

（1）检查反馈线屏蔽是否良好，是否有干扰源。

（2）更换反馈线。

（3）更换脉冲编码器。

10. SV0380：分离型检查器 LED 异常（外置）报警

（1）检查分离型接口单元 SDU 是否正常上电。

（2）更换分离型接口单元 SDU。

11. SV0385：串行数据错误（外置）报警

（1）检查分离型接口单元 SDU 是否正常。

（2）检查光栅至 SDU 之间的反馈线。

（3）检查光栅尺。

12. SV0386：数据传送错误（外置）

（1）检查分离型接口单元 SDU 是否正常。

（2）检查光栅至 SDU 之间的反馈线。

（3）检查光栅尺。

13. SV0401：伺服准备就绪信号断开

（1）查看诊断 No.358，将 No.358 的内容转换成二进制数值，进一步确认 401 报警的故障点。

（2）检查 MCC 回路。

（3）检查 EMG 急停回路。
（4）检查驱动器之间的信号电缆接插是否正常。
（5）更换电源单元。

14. 同步控制中 SV0407：误差过大报警

（1）检查同步控制位置偏差值。
（2）检查同步控制是否正常。

15. 移动轴时 SV0409 报警

（1）检查移动时该轴的负载情况。
（2）确认机械是否卡死。
（3）确认伺服参数设定是否正常。
（4）更换伺服电动机。
（5）更换伺服驱动器。

16. SV0410：停止时误差过大报警

（1）检查机械是否卡死。
（2）对于重力轴，抱闸的 24 VDC 供电是否正常，检查抱闸是否正常松开。
（3）脱开丝杠等相关机械部分的连接，单独驱动电动机；若正常，找 MTB 检查机械部分；若故障依旧，更换电动机或伺服驱动器。

17. SV0411：移动时误差过大报警

（1）查看负载情况是否负载过大。
（2）检查机械是否卡死。
（3）对于重力轴，抱闸的 24 VDC 供电是否正常，检查抱闸是否正常松开。
（4）脱开丝杠等相关机械部分的连接，单独驱动电动机，若正常，找 MTB 检查机械部分；若故障依旧，更换伺服驱动器。

18. SV0417：伺服非法 DGTL 参数报警

（1）检查数字伺服参数设定是否正确。
（2）查看诊断 No. 0203#4 的值，当 No. 0203#4 = 1 时，通过 No. 0352 的值进一步判断故障点；当 No. 0203#4 = 0 时，通过 No. 0280 的值进一步判断具体故障。

19. SV0421：超差（半闭环）

（1）查看半闭环和全闭环的位置反馈误差，对比参数 No. 2118 设定值是否正常。
（2）分别检查半闭环和全闭环位置反馈误差是否正常。
（3）检查或屏蔽光栅尺。

20. SV0430：伺服电动机过热报警

（1）故障时检查诊断 No. 308 伺服电动机温度值，并对比电动机实际温度。若显示值过热，而电动机实际温度正常，则更换电动机。
（2）检查电动机负载是否过大，查看电动机与丝杠连接部件是否过紧，或卡死。若机械方面正常，则更换电动机。

21. SV0432：变频器控制电压低报警

（1）检查外部输入控制电压是否正常，包括变压器、电磁接触器等。
（2）更换电源单元。

22. 偶尔 SV0433：变频器 DC 链路电压低报警

（1）检查外围线路是否正常。
（2）确认机床振动是否过大，保证伺服驱动器在使用过程中不受振动影响。
（3）更换电源单元。

23. 偶尔 SV0435：逆变器 DC 链路电压低报警

（1）确认 DC–LINK 母线接线端子螺钉是否锁紧。
（2）如果发生全轴或多轴报警，则参考 PSM：04 报警方法排查故障。
（3）若报警发生在单轴，则更换该轴驱动器控制侧板或驱动器。

24. SV0436：软过热报警

（1）查看电动机负载是否过大。
（2）若是重力轴，则确认抱闸 24 VDC 是否正常，抱闸是否正常打开。
（3）机械部分，盘动电动机轴是否卡死，若卡死或试机故障依旧，则更换电动机；若不卡死，试机正常，则联系机床厂家检查机械部分。

25. SV0438：逆变器电流异常报警

（1）检查动力线是否有破损、对地短路，有必要时更换动力线。
（2）测量电动机三相对地是否绝缘，如果不绝缘，则更换电动机。
（3）更换伺服驱动器。

26. SV0439：DC 链路电压过高报警

（1）检查外部输入电压是否稳定。
（2）更换电源单元。
（3）更换对应的伺服驱动器。

项目二　数控机床主轴电动机驱动控制

知识目标

1. 认知数控机床主轴驱动系统；
2. 掌握数控机床变频主轴控制电路原理。

技能目标

1. 掌握数控机床变频主轴的安装；
2. 掌握数控机床变频主轴的安装调试；
3. 掌握变频器相关主电路、控制电路端子含义。

任务一　数控机床主轴驱动概述

任务描述

认知数控机床主轴驱动装置，掌握其分类及其结构特点。

知识链接

数控机床的主轴驱动系统，也就是主传动系统，是数控机床的大功率执行机构，其运动通常是主轴的旋转运动，通过主轴的回转与进给轴的进给，实现刀具与工件快速的相对切削运动。它的性能直接决定了加工工件的表面质量。因此，在数控机床的维修和维护中，主轴驱动系统的维修与维护显得非常重要。

一、数控机床对主轴传动的要求

20世纪60—70年代,数控机床的主轴一般采用三相感应电动机配上多级齿轮变速箱实现有级变速的驱动方式。随着刀具技术、生产技术、加工工艺以及生产效率的不断发展,上述传统的主轴驱动方式已不能满足生产的需要,因此现代数控机床对主轴传动提出了以下基本要求。

1. 调速范围要宽并能实现无级调速

为保证加工时选用合适的切削用量,以获得最佳的生产效率、加工精度和表面质量,特别是对具有自动换刀功能的数控加工中心,对主轴的调速范围要求更高,要求主轴能在较宽的转速范围内,根据数控系统的指令自动实现无级调速,并减少中间传动环节,简化主轴结构。

目前,主轴变速主要分为有级变速、无级变速和分段无级变速三种形式,其中有级变速仅用于经济型数控机床,大多数数控机床均采用无级变速或分段无级变速。在无级变速中,变频调速主轴一般用于普及型数控机床,交流伺服主轴则用于中、高档数控机床。现代主轴驱动装置的恒转矩调速范围已可达1∶100,恒功率调速范围也可达1∶30,一般过载1.5倍时可持续工作30 min。

2. 恒功率范围要宽

为了满足生产效率要求,数控机床要求主轴在整个速度范围内均能提供切削所需功率,并尽可能在全速范围内提供主轴电动机的最大功率。特别是为了满足数控机床低速、强力切削的需要,常采用分级无级变速的方法(即在低速段采用机械减速装置),以扩大输出转矩,满足最大功率输出。

3. 具有四象限驱动能力

要求主轴在正、反向转动时均可进行自动加、减速控制,并且加、减速时间要短,调速运行要平稳。目前,一般伺服主轴可以在1 s内从静止加速到6 000 r/min。

4. 具有同步控制功能

为了使数控车床具有螺纹切削功能,要求主轴能与进给驱动实行同步控制。为了实现这种功能,数控车床加工螺纹时必须安装一个检测元件,常用的检测元件是光电编码器和磁栅编码器。光电编码器的工作轴安装在与数控车床主轴同步转动的位置上,可准确测量出车床主轴的转速及旋转零点的位置,并以脉冲的方式将这些信号送入数控装置中,以便进行螺纹插补运算及控制。

5. 具有定向准停功能

在加工中心上,为了满足加工中心自动换刀,还要求主轴具有高精度的准停功能。主轴定向控制的实现方式有两种:一是机械准停;二是电气准停。例如,利用装在主轴上的磁性传感器或编码器作为检测元件,通过它们输出的反馈信号,使主轴准确地停在规定的位置上,如图2-1-1所示。

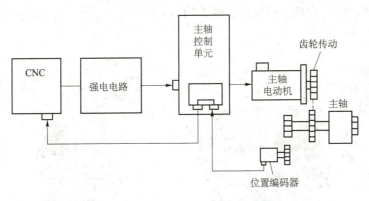

图 2-1-1 编码器主轴定向控制连接

二、主轴系统分类及特点

全功能数控机床的主传动系统大多采用无级变速。目前，无级变速系统根据控制方式的不同主要有变频主轴系统和伺服主轴系统两种，一般采用直流或交流主轴电动机，通过带传动带动主轴旋转，或通过带传动和主轴箱内的减速齿轮（以获得更大的转矩）带动主轴旋转。另外，根据主轴速度控制信号的不同可分为模拟量控制的主轴驱动装置和串行数字控制的主轴驱动装置两类。第一类是通用变频器控制通用电动机，第二类是专用变频器控制专用电动机。目前，大部分的经济型机床均采用变频主轴，即数控系统模拟量输出+变频器+感应（异步）电动机的形式，其性价比很高。伺服主轴驱动装置一般由各数控公司自行研制并生产，如西门子公司的 611 系列、日本发那科公司的 α 系列等。

1. 笼型异步电动机配齿轮变速箱

图 2-1-2 所示为笼型异步电动机配齿轮变速箱。这是最经济的一种主轴配置方式，但只能实现有级调速，由于电动机始终工作在额定转速下，经齿轮减速后，在主轴低速下输出力矩大，重切削能力强，非常适合粗加工和半精加工的要求。如果加工产品比较单一，对主轴转速没有太高的要求，此配置在数控机床上也能起到很好的效果。它的缺点是噪声比较大，由于电动机工作在工频下，主轴转速范围不大，不适合有色金属和需要频繁变换主轴速度的加工场合。

2. 通用笼型异步电动机配通用变频器

如图 2-1-3 所示，现在的通用变频器，除了具有 U/f 曲线调节功能，一般还具有无反馈矢量控制功能，会对电动机的低速特性有所改善，再配合两级齿轮变速，基本上可以满足车床低速（100~200 r/min）小加工余量的加工，但同样受最高电动机速度的限制。这是目前经济型数控机床比较常用的主轴驱动系统。

3. 专用变频电动机配通用变频器

中档数控机床主要采用这种方案，主轴传动两挡变速，甚至仅一挡即可实现在低速时的重力切削。若此配置应用在加工中心上不是很理想，则可以采用其他辅助机构完成定向换刀功能，但不能达到刚性攻螺纹的要求。图 2-1-4 所示为专用变频电动机配通用变频器的主轴系统。

图 2-1-2 笼型异步电动机配齿轮变速箱

图 2-1-3 通用笼型异步电动机配通用变频器

图 2-1-4 专用变频电动机配通用变频器的主轴系统

4. 伺服主轴驱动系统

伺服主轴驱动系统具有响应快、速度高、过载能力强的特点，还可以实现定向和进给功能，但其价格较高，通常是同功率变频器主轴驱动系统的 2~3 倍。伺服主轴驱动系统主要应用于加工中心，用以满足系统自动换刀、刚性攻螺纹、主轴 C 轴进给功能等对主轴位置控制性能要求很高的加工。图 2-1-5 所示为伺服主轴驱动系统。

5. 电主轴

电主轴是主轴电动机的一种结构形式，驱动器可以是变频器或主轴伺服，也可以不要驱动器。电主轴由于电动机和主轴合二为一，没有传动机构，因此大大简化了主轴的结构，并且提高了主轴的精度，但是电主轴的抗冲击能力较弱，而且功率还不能做得太大，一般在 10 kW 以下。由于结构上的优势，电主轴主要向高速方向发展，一般在 10 000 r/min 以上。目前，安装电主轴的机床主要用于精加工和高速加工，如高速精密加工中心。

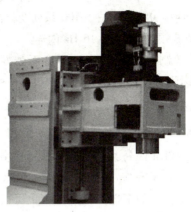

图 2-1-5 伺服主轴驱动系统

三、常用主轴驱动系统

1. FANUC（法那科）公司主轴驱动系统

从 20 世纪 80 年代开始，该公司已使用交流主轴驱动系统，直流驱动系统已被交流驱动系统所取代。目前三个系列交流主轴电动机为：S 系列电动机，其额定输出功率范围为 1.5~37 kW；H 系列电动机，其额定输出功率范围为 1.5~22 kW；P 系列电动机，其额定输出功率范围为 3.7~37 kW。

该公司交流主轴驱动系统的特点为：

（1）采用处理器控制技术，进行矢量计算，从而实现最佳控制。

（2）主回路采用晶体管 PWM 逆变器，使电动机电流非常接近正弦波性。

（3）具有主轴定向控制、数字和模拟输入接口等功能。

2. SIEMENS（西门子）公司主轴驱动系统

SIEMENS 公司生产的直流主轴电动机有 1GG5、1GF5、1GL5 和 1GH5 四个系列，与这四个系列电动机配套的 6RA24、6RA27 系列驱动装置采用晶闸管控制。20 世纪 80 年代初期，该公司又推出了 1PH5 和 1PH6 两个系列的交流主轴电动机，功率范围为 3~100 kW。驱动装置为 6SC650 系列交流主轴驱动装置或 6SC611A（SIMODRIVE 611A）主轴驱动模块，其主回路采用晶体管 SPWM 变频器控制的方式，具有能量再生制动功能。另外，采用处理器 80186 可进行闭环转速、转矩控制及磁场计算，从而完成矢量控制。通过选件实现 C 轴进给控制，在不需要 CNC 的帮助下，实现主轴的定位控制。

3. DANFOSS（丹佛斯）公司系列变频器

该公司目前应用于数控机床上的变频器系列常用的有：VLT2800，可采用并列式安装方式，具有宽范围配接电动机功率：0.37~7.5 kW 200 V/400 V；VLT5000，可在整个转速范围内进行精确的滑差补偿，并在 3 ms 内完成。在使用串行通信时，VLT5000 对每条指令的响应时间为 0.1 ms，可使用任何标准电动机与 VLT5000 匹配。

4. HITACHI（日立）公司系列变频器

HITACHI 公司的主轴变频器应用于数控机床上的通常有：L100 系列通用型变频，其额定输出功率范围为 0.2～7.5 kW，V/f 特性可选恒转矩/降转矩，可手动/自动提升转矩，载波频率为 0.5～16 Hz 连续可调。日立 SJ100 系列变频器，是一种矢量型变频，额定输出功率范围为 0.2～7.5 kW，载波频率在 0.5～16 Hz 内连续可调，加减速过程中可分段改变加减速时间，可内部/外部启动直流制动；日立 SJ200/300 系列变频器，额定输出功率范围为 0.75～132 kW，有两台电动机同时无速度传感器矢量控制运行且电动机常数在线或离线自整定。

5. HNC（华中数控）公司系列主轴驱动系统

HSV-20S 是武汉华中数控股份有限公司推出的全数字交流主轴驱动器。该驱动器结构紧凑，使用方便，可靠性高。采用的是最新专用运动控制 DSP、大规模现场可编程逻辑阵列（FPGA）和智能化功率模块（IPM）等当今最新技术设计，具有 025、050、075、100 多种型号规格，以及很宽的功率选择范围。用户可根据要求选配不同型号驱动器和交流主轴电动机，形成高可靠、高性能的交流主轴驱动系统。

任务实施

参照图 2-1-6，指出主轴的配置形式及特点。

(a)

(b)

(c)

图 2-1-6 主轴系统的类型

项目二　数控机床主轴电动机驱动控制

(d)

图 2-1-6　主轴系统的类型（续）

任务评价

根据任务完成过程中的表现，填写表 2-1-1。

表 2-1-1　任务评价

项目	评价要素	评价标准	自我评价	小组评价	综合评价
知识准备	资料准备	参与资料收集、整理，自主学习			
	计划制订	能初步制订计划			
	小组分工	分工合理，协调有序			
任务过程	机床对主轴驱动的要求	操作正确，熟练程度			
	主轴驱动系统的配置形式	操作正确，熟练程度			
	主轴驱动系统配置形式的特点	操作正确，熟练程度			
拓展能力	知识迁移	能实现前后知识的迁移			
	应变能力	能举一反三，提出改进建议或方案			
学习态度	主动程度	自主学习主动性强			
	合作意识	协作学习能与同伴团结合作			
	严谨细致	仔细认真，不出差错			
	问题研究	能在实践中发现问题，并用理论知识解决实践中的问题			
	安全规程	遵守操作规程，安全操作			

任务拓展

主轴准停控制

主轴准停功能又称为主轴定位功能（spindle specified position stop），即当主轴停止时能控制其停于固定位置。它是自动换刀所必需的功能。

主轴准停可分为机械准停和电气准停。

一、机械准停控制

图2-1-7所示为典型的V形槽轮定位盘准停结构。带有V形槽的定位盘与主轴端面保持一定的位置关系，以确定定位位置。当指令为准停控制M19时，首先使主轴减速至可以设定的低速转动；当检测到无触点开关有效信号时，则立即使主轴电动机停转，主轴电动机会与主轴传动件依惯性继续空转，同时定位盘准停液压缸定位销伸出，并压向定位盘；当定位盘V形槽与定位销正对时，由于液压缸的压力，定位销插入V形槽中，LS2准停到位信号有效，表明准停动作完成。这里LS1为准停释放信号。采用这种准停方式，必须有一定的逻辑互锁，即当LS2有效时，才能进行换刀等动作。而只有当LS1有效时，才能启动主轴电动机正常运转。上述准停功能通常由数控系统的可编程控制器完成。

机械准停还有其他方式，如端面螺旋凸轮准停等，但它们的基本原理是一样的。

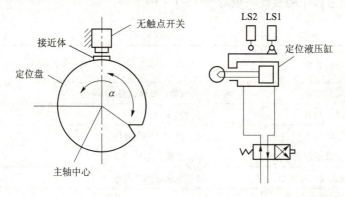

图2-1-7 V形槽轮定位盘准停结构

二、电气准停控制

目前国内外中高档数控系统均采用电气准停控制。采用电气准停控制有以下优点：

（1）简化机械结构。与机械准停相比，电气准停只需在旋转部件和固定部件上安装传感器即可，机械结构比较简单。

（2）缩短准停时间。准停时间包括在换刀时间内，而换刀时间是加工中心的重要指标。采用电气准停，主轴即使高速转动，也能快速定位于准停位置，这大大节省了准停时间。

（3）可靠性增加。由于无须复杂的机械、开关、液压缸等装置，也没有机械准停所形成的机械冲击，因而准停控制的寿命与可靠性大大增加。

(4) 性能价格比提高。由于简化了机械结构和强电控制逻辑,成本大大降低。但电气准停常作为选择功能,订购电气准停附件需另加费用。但从总体来看,性能价格比大大提高。

目前电气准停通常有磁传感器准停、编码器型准停和数控系统准停三种。

1. 磁传感器准停

图2-1-8所示为磁传感器准停控制系统的结构。采用磁传感器时,磁发体直接安装在主轴上,并随主轴一起旋转,而磁传感器则固定在主轴箱体上(距磁发体1~2 mm),磁传感器与主轴驱动控制单元连接。当主轴需要准停时,数控系统便发出准停开关信号,主轴立即加速或减速至某一准停速度(可在主轴驱动装置中设定)。主轴到达准停速度及准停位置时(即磁发体与磁传感器对准),主轴立即减速至某一爬行速度(可在主轴驱动装置中设定),然后当磁传感器信号出现时,主轴驱动立即进入磁传感器作为反馈元件的位置闭环控制,直至磁发体的判别基准孔转到对准磁传感器上的基准槽时,主轴便停在规定的位置上,且主轴驱动装置输出准停完成信号给数控系统,从而进行其他动作。

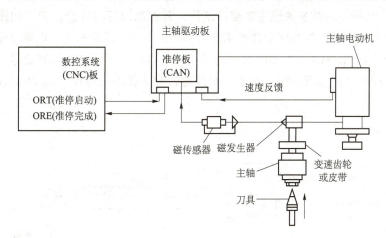

图2-1-8 磁传感器准停控制系统的结构

采用磁传感器主轴准停控制时,为了减少干扰,应避免它们与其他产生磁场的元件,如电磁线圈、电磁阀等安装在一起,具体的安装要求可参照有关说明书。另外,要注意磁准停的角度无法随意指定,要想调整准停角度,只有调整磁发体与磁传感器的相对位置。

2. 编码器型准停

图2-1-9所示为编码器型主轴准停控制系统结构。该控制系统中的编码器可采用主轴电动机内部安装的编码器,也可采用在主轴上直接安装的另一个编码器。采用编码器主轴定向时,主轴驱动控制单元可自动转换,使其处于速度控制或位置控制状态,其工作过程与磁传感器控制系统相似,但准停角度可由外部开关量设置,在0°~360°任意定向。

3. 数控系统准停

采用数控系统准停控制方式时,要求主轴驱动控制单元具有闭环控制功能。此时,一般将电动机轴端编码器信号反馈给数控系统,这样主轴传动链精度可能对准停精度产生影响。

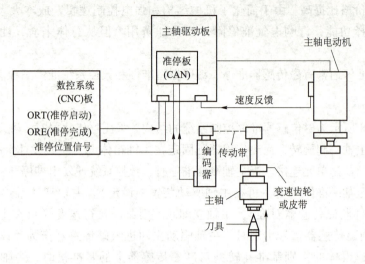

图 2-1-9　编码器型主轴准停控制系统结构

图 2-1-10 所示为数控系统主轴准停结构，其控制原理与进给位置控制原理相似。采用数控系统控制主轴准停的角度由数控系统内部设定，因此准停角度可以更方便地设定。当数控系统执行 M19 指令时，首先将 M19 送至 PLC，PLC 经译码送出控制信号，使主轴驱动进入伺服态，同时数控系统控制主轴电动机降速，并寻找零位脉冲 PC，然后进入位置闭环控制状态。

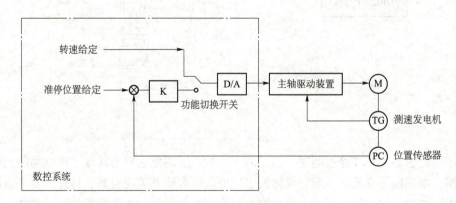

图 2-1-10　数控系统主轴准停结构

任务二　通用变频器分析

任务描述

以三菱 FR-S500 为例，了解通用变频器的相关知识。

项目二 数控机床主轴电动机驱动控制

在数控机床的交流主轴电动机驱动中，广泛使用通用变频器来实现调速控制。近年来，大规模集成电路、高速数字处理器（DSP）和矢量控制、直接转矩控制理论的应用使得通用变频器的性能得到了很大提高。通用变频器具有两个特点：一是可以和通用的异步电动机配套使用；二是具有多种可供选择的功能，以适应各种不同性质的负载。

图 2-2-1 所示为三菱 FR-S500 系列变频器在 CKA6140 数控车床主轴中的控制连接。

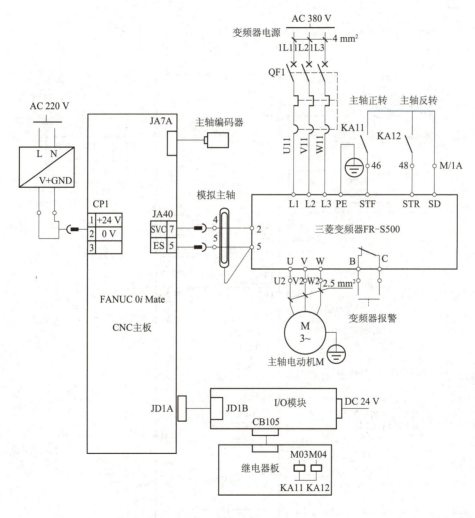

图 2-2-1 CKA6140 数控车床主轴的变频控制连接

一、与主轴相关的系统接口

（1）JA40：模拟量主轴的速度信号接口（0~10 V），数控系统输出的速度信号（0~10 V）与变频器的模拟量频率设定端 2 和 5 连接，控制主轴电动机的运行速度。

（2）JA7A：串行主轴/主轴位置编码器信号接口，当主轴为串行主轴时，与主轴驱动器的JA7B连接，实现主轴模块与数控系统的信息传递；当主轴为模拟量主轴时，该接口又是主轴位置编码信号接口。

（3）JD1A I/O Link，本接口连接I/O模块，从系统的JD1A出来，到I/O模块的JD1B止。通过I/O模块，来控制主轴正反转继电器，将继电器的常开触点与变频器的正反转端子相接，用来控制主轴电动机的正反转。

二、FR-S500变频器的接线

1. FR-S500变频器的标准端子接线（图2-2-2）

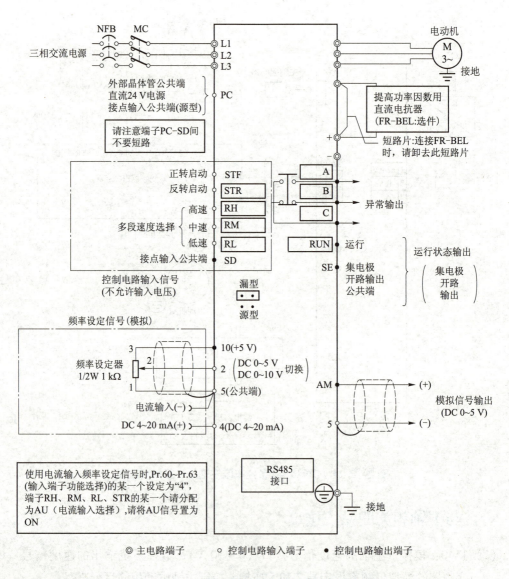

图2-2-2 FR-S500变频器的标准端子接线

2. 端子说明

主电路和控制电路端子说明见表 2-2-1、表 2-2-2。

表 2-2-1 主电路端子说明

端子记号	端子名称	内容说明
L1、L2、L3（*）	电源输入	连接工频电源
U、V、W	变频器输出	连接三相笼型电动机
-	直流电压公共端	此端子为直流电压公共端子，与电源和变频器输出直流电压公共端
+ 和 P1	连接改善功率因数直流电抗器	拆下端子 + 与端子 P1 间的短路片，连接选件改善功率因数直流电抗器
⏚	接地	变频器外壳接地用，必须接大地

注：（*）在单相电源输入时，变成 L1、N 端子。

表 2-2-2 控制电路端子说明

	端子记号		端子名称	内容说明	
输入信号	接点输入	STF	正转启动	STF 信号在 ON 时为正转，在 OFF 时为停止指令	STF、STR 信号同时在 ON 时，为停止指令	根据输入端子功能选择（Pr.60～P63）可改变端子的功能
		STR	反转启动	STR 信号在 ON 时为反转，在 OFF 时为停止指令	STF、STR 信号同时在 ON 时，为停止指令	
		RH RM RL	多段速度选择	可根据端子 RH、RM、RL 信号的短路组合进行多段速度的选择；速度指令的优先顺序是 JOG、多段速度设定（RH、RM、RL、REX）、AU	
	SD		接点输入公共端（漏型）	此为接点输入（端子 STF、STR、RH、RM、RL）的公共端子	
	PC		外部晶体管公共端直流 24 V 电源接点输入公共端（源型）	当连接可编程控制器（PLC）之类的晶体管输出（集电极开路输出）时，把晶体管输出用的外部电源插头连接到这个端子，可防止因回流电流引起的误动作； PC～SD 间的端子可作为 DC 24 V，0.1 A 的电源使用； 选择源型逻辑时，此端子为接点输入信号的公共端子	
	10		频率设定用电源	DC 5 V，容许负荷电流 10 mA	
	频率设定	2	频率设定（电压信号）	输入 DC 0～5 V（0～10 V）时，输出成比例；输入 5 V（10 V）时，输出为最高频率； 5 V/10 V 切换用 Pr.73 "0～5 V，0～10 V 选择"进行； 输入阻抗为 10 kΩ，最大容许输入电压为 20 V	
		4	频率设定（电流信号）	输入 DC 4～20 mA。出厂时调整为 4 mA 对应 0 Hz，20 mA 对应 50 Hz； 最大容许输入电流为 30 mA，输入阻抗约为 250 Ω； 电流输入时，请把信号 AU 设定为 ON； 将 AU 信号设定为 ON 时，电压输入变为无效； AU 信号用 Pr.60～Pr.63（输入端子功能选择）设定	
		5	频率设定公共输入端	此端子为频率设定信号（端子 2、4）及端子"AM"的公共端子	

续表

端子记号		端子名称	内容说明	
信号输出	A B C	报警输出	指示变频器因保护功能动作而输出停止的转换接点。AC 230 V，0.3 A；DC 30 V，0.3 A。报警时 B～C 之间不导通（A～C 之间导通），正常时 B～C 之间导通，（A～C 之间不导通）	根据输出端子功能选（Pr. 64、Pr. 65），可以改变端子的功能
	集电极开路 集电极运行	变频器运行中	变频器输出频率高于启动频率时（出厂为 0.5 Hz 可变动）为低电平，停止及直流制动时为高电平。容许负载 DC 24 V，0.1 A（ON 时最大电压下降 3.4 V）	
	SE	集电路公共开路	变频器运行时端子 RUN 的公共端子	
	模拟 AM	模拟信号输出	从输出频率、电动机电流选择一种作为输出	出厂设定的输出项目：频率容许负荷电流为 1 mA，输出信号为 DC 0～5 V
通信	—	RS485 接口	用参数单元连接电缆，可以连接参数单元。可用 RS485 进行通信运行	

3. 变频器接线注意事项

（1）根据变频器输入规格选择正确的输入电源。

（2）变频器输入侧用断路器（不宜采用熔断器）实现保护，断路器的整定值应按变频器的额定电流选择，而不应按电动机的额定电流来选择。

（3）变频器三相电源实际接线无须考虑电源的相序。

（4）输出侧接线需考虑输出电源的相序。若相序错误，将造成主轴电动机反转，机床不能正常加工而报警。

（5）实际接线时，绝不允许把变频器的电源线接到变频器的输出端。若接反了，会烧毁变频器。

（6）一般情况下，变频器输出端直接与电动机相连，无须加接触器和热继电器。

以 CKA6140 数控车床为例，找到数控车床的主轴驱动部分

学生参观 CKA6140 数控车床，找到主轴驱动部分。具体实施步骤：

（1）指出主轴、主轴变频器、主轴电动机。

（2）分别说出 FR-S500 变频器主电路、控制电路接线端子的名称和功能。

（3）说出变频器接线时需要注意的事项。

根据任务完成过程中的表现，填写表 2-2-3。

表2-2-3 任务评价

项目	评价要素	评价标准	自我评价	小组评价	综合评价
知识准备	资料准备	参与资料收集、整理，自主学习			
	计划制订	能初步制订计划			
	小组分工	分工合理，协调有序			
任务过程	识读变频器的控制连接图	操作正确，熟练程度			
	变频器主电路接线端子名称	操作正确，熟练程度			
	变频器主电路接线端子功能	操作正确，熟练程度			
	变频器控制电路接线端子名称	操作正确，熟练程度			
	变频器控制电路接线端子功能	操作正确，熟练程度			
拓展能力	知识迁移	能实现前后知识的迁移			
	应变能力	能举一反三，提出改进建议或方案			
学习态度	主动程度	自主学习主动性强			
	合作意识	协作学习能与同伴团结合作			
	严谨细致	仔细认真，不出差错			
	问题研究	能在实践中发现问题，并用理论知识解决实践中的问题			
	安全规程	遵守操作规程，安全操作			

任务拓展

变 频 器

1. 变频器的概念

通俗地讲，变频器就是一种静止式的交流电源供电装置，其功能是将工频交流电（三相或单相）变换成频率连续可调的三相交流电源。

精确的概念描述为：利用电力电子器件的通断作用将电压和频率固定不变的工频交流电源变换成电压和频率可变的交流电源，供给交流电动机实现软启动、变频调速、提高运转精度、改变功率因数、过流/过压/过载保护等功能的电能变换控制装置称作变频器，其英文简称为 VVVF（Variable Voltage Variable Frequency）。

变频器的控制对象是三相交流异步电动机和同步电动机，标准适配电动机级数是2/4级。变频电气传动的优势有：

（1）平滑软启动，降低启动冲击电流，减少变压器占有量，确保电动机安全。
（2）在机械允许的情况下可通过提高变频器的输出频率提高工作速度。
（3）无级调速，调速精度大大提高。
（4）电动机正反向无须通过接触器切换。
（5）方便接入通信网络控制，实现生产自动化控制。

2. 变频器的分类

目前国内外变频器的种类很多，其分类见表2-2-4。

表2-2-4 变频器的分类方法及类别

序号	分类方法	类别	说明
1	按变换环节分类	交—直—交变频器	交—直—交变频器首先将频率固定的交流电整流成直流电，经过滤波，再将平滑的直流电逆变成频率连续可调的交流电。由于把直流电逆变成交流电的环节较易控制，因此在频率的调节范围内，以及改善频率后电动机的特性等方面都有明显的优势，目前此种变频器已得到普及
		交—交变频器	交—交变频器把频率固定的交流电直接变换成频率连续可调的交流电。其主要优点是没有中间环节，故变换效率高。它主要用于低速大容量的拖动系统中
2	按电压的调制方式分类	PAM（脉幅调制）	PAM（Pulse Amplitude Modulation）是通过调节输出脉冲的幅值来调节输出电压的一种方式，在调节过程中，逆变器负责调频，相控整流器或直流斩波器负责调压。这种方式基本不用
		PWM（脉宽调制）	PWM（Pulse Width Modulation）是通过改变输出脉冲的宽度和占空比来调节输出电压的一种方式，在调节过程中，逆变器负责调频调压。目前普遍应用的是脉宽按正弦规律变化的正弦脉宽调制方式，即SPWM方式。中小容量的通用变频器几乎全部采用此类型的变频器
3	按滤波方式分类	电压型变频器	在交—直—交变压变频装置中，当中间直流环节采用大电容滤波时，直流电压波形比较平直，在理想情况下可以等效成一个内阻抗为零的恒压源，输出的交流电压是矩形波或阶梯波，这类变频装置叫电压型变频器
		电流型变频器	在交—直—交变压变频装置中，当中间直流环节采用大电感滤波时，直流电流波形比较平直，因而电源内阻抗很大，对负载来说基本上是一个电流源，输出交流电流是矩形波或阶梯波，这类变频装置叫电流型变频器
4	按输入电源的相数分类	三进三出变频器	变频器的输入侧和输出侧都是三相交流电，绝大多数变频器都属于此类
		单进三出变频器	变频器的输入侧为单相交流电，输出侧是三相交流电，家用电器里的变频器都属于此类，通常容量较小
5	按控制方式分类	U/f控制变频器	U/f控制是在改变变频器输出频率的同时控制变频器输出电压，使电动机的主磁通保持一定，在较宽的调速范围内，电动机的效率和功率因数保持不变。因为是控制电压和频率的比，所以称为U/f控制。它是转速开环控制，无须速度传感器，控制电路简单，是目前通用变频器中使用较多的一种控制方式
		转差频率控制变频器	转差频率控制需检测出电动机的转速，构成速度闭环。速度调节器的输出为转差频率，然后以电动机速度与转差频率之和作为变频器的给定输出频率。转差频率控制是指能够在控制过程中保持磁通量$\varPhi_m$的恒定，能够限制转差频率的变化范围，且能通过转差频率调节异步电动机的电磁转矩的控制方式。速度的静态误差小，适用于自动控制系统
		矢量控制方式变频器	U/f控制变频器和转差频率控制变频器的控制思想都建立在异步电动机的静态数学模型上，因此动态性能指标不高。采用矢量控制方式的目的，主要是提高变频调速的动态性能，基本上可达到和直流电动机一样的控制特性

任务三　变频主轴安装

任务描述

能识读主轴驱动系统的电气控制原理图，完成主轴驱动系统的安装与接线。

知识链接

CAK4085di 数控车床主轴旋转运动采用日立 SJ300 – 055HF/7.5 kW 变频调速器控制 5.5 kW 主轴电动机，与机械变速相配合可实现三挡无级调速，如图 2 – 3 – 1 所示。CAK4085di 数控车床主轴的相关电气原理如图 2 – 3 – 2 所示。

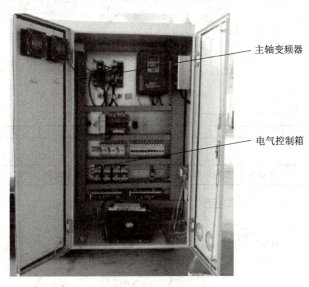

图 2 – 3 – 1　CAK4085di 数控车床电气控制箱

一、主轴正反转控制信号

图 2 – 3 – 2 所示分别是总电源电路控制、机床侧直流电源控制电路和主轴变频器控制电路。先将断路器 QF0 合上，主轴变频器得电。再合上断路器 QF6、QF7、QF8 和 QF9，机床侧 GS1 开关电源 24 V 得电，按下系统电源开关 SB12，继电器 KA17 线圈获电并自锁，KA17 一组常开触点接通，GS2 开关电源 24 V 电压供给系统并启动。系统启动后，通过 M03、M04 指令，或者在手动方式下通过按下机床面板上的正转和反转按钮发出主轴正转和反转信号时，数控系统 PMC 将信号通过分线盘 I/O 模块来控制 CB150 模块中的 KA5（主轴正转继电器）、KA6（主轴反转继电器）的通断，向变频器发出信号，实现主轴的正反转，此时的主轴速度是由系统存储的 S 指令值与机床主轴倍率开关决定的。

二、主轴电动机速度控制信号

如图 2-3-2（c）所示，在 FANUC 0i Mate-TD 系统中，系统把程序中的 S 指令值与

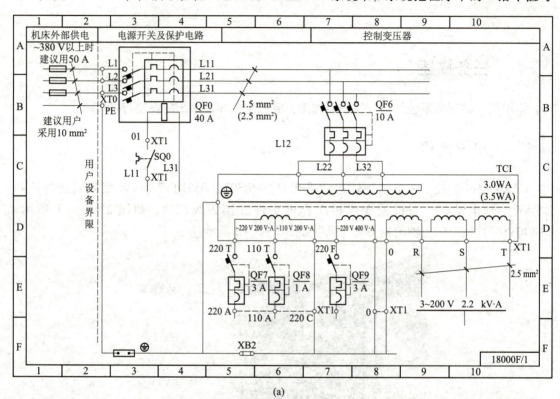

(a)

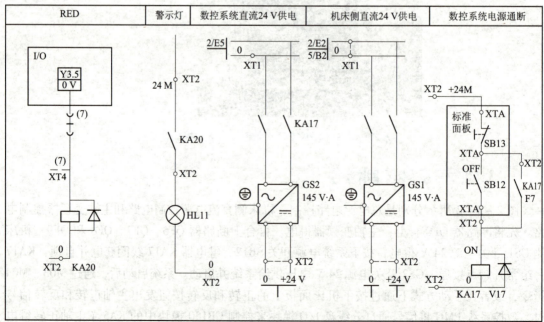

(b)

图 2-3-2　CAK4085di 数控车床主轴相关电气原理
(a) 总电源电路控制；(b) 机床侧直流电源控制电路

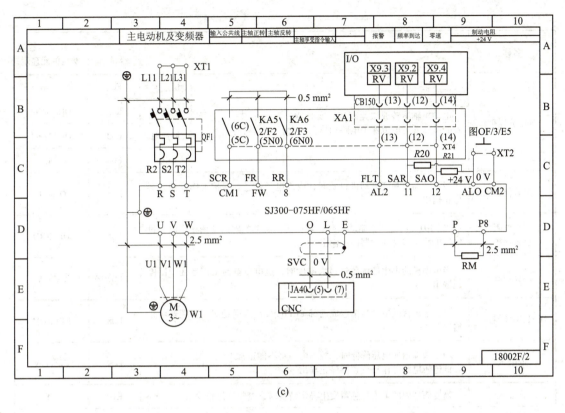

图2-3-2　CAK4085di 数控车床主轴相关电气原理（续）

(c) 主轴变频器控制电路

主轴倍率的乘积转换成相应的模拟量电压（0~10 V），通过系统主板 JA40 的 5 脚和 7 脚，输送到变频器的模拟量电压频率给定端子 O 与 L 两端，从而实现主轴电动机的速度控制。

①变频器故障输出信号

当变频器出现任何故障时，变频器的故障输出端子 ALO 与 AL2 发出主轴故障信号，AL2 端子与 CB150 模块输入端子 13 脚（X9.3）相连接，通过 PMC 向系统发出急停信号，使系统停止工作，并发出报警信息。

②主轴频率到达输出信号

数控机床自动加工时，若系统的主轴速 11 脚发出变频到达信号与 CB150 模块输入端子 12 脚（X9.2）相连接，PMC 检测到该信号后，切削才开始，否则系统进给指令一直处于待机状态。

③日立 SJ300 变频器的故障显示及处理

主轴变频器一旦发生故障，变频器保护功能立即动作，变频器停止输出，并在变频器显示面板上显示相应的故障码，具体的故障码及处理方法见表 2-3-1。

表 2-3-1　变频器的故障码及处理方法

名称	情况		数字操作器显示	远程操作器/复制单元显示
过电流保护	电动机轴堵转或快速减速，变频器过电流，则有可能导致故障。此时电流保护电路动作，变频器封锁输出	恒速时	E01	OC. Drive
		减速时	E02	OC. Decel
		加速时	E03	OC. Accel
		其他	E04	Over. C
过载保护	当变频器检测到电动机过载时，内部电子热过载保护工作且变频器停止输出		E05	Over. L
制动电阻过载保护	当 BRD（内置再生制动回路）超出再生制动电阻的使用比率时，过电压电路工作且变频器停止输出		E06	OL. BRD
过电压保护	当电动机的再生能量超过最大限度时，过电压电路工作且变频器停止输出		E07	Over. V
EEPROM 错误	当由于干扰或持续高温造成内部 EEPROM 出现问题时，变频器停止输出		E08	EEPROM
低电压	当变频器输入电压降低时，控制电路将不能正常工作，低电压电路工作且变频器停止输出		E09	Under. V
CT 错误	当变频器内的电流传感器发生异常情况时，变频器停止输出		E10	CT
CPU 错误	如果 CPU 错误动作导致故障，变频器停止输出		E11	CPU1
外部跳闸	如果智能输入端子出现 EXT 信号，变频器封锁输出（在外部跳闸功能选择）		E12	EXTERNAL
USP（禁止重启动保护）错误	变频器仍为 RUN 模式时，若电源恢复，将显示错误（当选定 USP 功能时有效）		E13	USP
对地短路保护	上电时检测变频器输出和电动机之间的接地故障		E14	GND. Flt
输入过电压保护	输入电压高于规定值时，上电后检测 60 s 之后过电压电路工作且变频器停止输出		E15	OV. SRC
瞬时电源故障保护	瞬时停电超过 15 ms，变频器停止输出。如停电时间过长，则认为是正常电源故障。但是，如果变频器再启动或运行指令还保留着，则将重启		E16	Inst. P. F
温度异常	当主电路由于冷却风扇停转而温度升高时，变频器停止输出		E21	OH. FIN
门阵列错误	CPU 和门阵列之间的通信错误		E23	GA
断相保护	当电源断相时，变频器停止输出		E24	PH. Fail
IGBT 错误	当检测到输出瞬时过电流时，变频器封锁输出，以保护逆变模块		E30	IGBT
电子热保护错误	检测电动机热保护电阻值。出现过热时，变频器切断输出		E35	TH
制动异常	等待时间（b124）内，变频器释放制动后检测不到制动开/关信号（ON/OFF）[在制动控制选择（b120）使能时]		E36	BRAKE

项目二 数控机床主轴电动机驱动控制

【安全提示】

变频器维护和检查时的注意事项如下:

(1) 在关掉输入电源后,至少等 5 min 才可以开始检查,否则会引起触电事故。

(2) 维修、检查和部件更换必须由专业人员进行(开始工作前,取下所有金属物品,如手表等,使用带绝缘保护的工具)。

(3) 不要擅自改装变频器,否则易引起触电和损坏产品。

(4) 维修变频器之前,需确认输入电压是否有误,将 380 V 电源接入 220 V 级变频器之中会出现炸机(炸电容、压敏电阻、模块等)。

任务实施

参照以下步骤为 CAK4085di 数控车床的变频主轴进行安装接线。

1. 准备实训设备及工具材料(表 2-3-2)

表 2-3-2 实训设备及工具材料

序号	设备与工具	型号与名称	数量
1	数控车床	CAK4085di	1 台
2	机床资料	数控车床电气说明书、数控系统操作说明书、变频器使用手册	1 套
3	常用电工工具	自定	1 套
4	仪器仪表	自定	1 套

2. 识读变频主轴驱动装置的电路图

(1) 准备资料:准备机床电气使用说明书、数控系统操作说明书和变频器使用手册。

(2) 参考资料:在教师的指导下按照下列流程识读电路图。

① 识读主轴变频器主电路图。

② 识读数控系统相关主轴接口的引脚定义和控制信号流程。

③ 识读主轴变频器报警控制和频率到达控制电路。

【操作提示】

在教师的指导下,重点查阅资料理解各控制端子的含义和信号流程。

3. 变频主轴驱动装置的接线

(1) 变频主轴的连接如图 2-3-2 所示,完成数控系统变频主轴模拟电压调速线路的连接。

【操作提示】

① 连接电缆应采用绞合屏蔽电缆或屏蔽电缆,电缆的屏蔽层在数控装置侧采取单端接地,信号线应尽可能短。

② 连接时,CN15 变频器模拟接口的 12 脚接 GND,13 脚接 SVC,千万不要接反。

（2）数控系统与变频器的正反转线路连接如图 2-3-2 所示，进行数控系统与变频器的正反转线路连接。

（3）变频器的报警控制和频率到达信号线路的连接如图 2-3-2 所示，进行变频器的报警控制和频率到达信号线路的连接。

（4）变频器电源和电动机的连接如图 2-3-2 所示，进行变频器电源和电动机的连接。

【操作提示】

变频器的 R、S、T 端子接入三相交流电（380 V），U、V、W 端子接三相异步电动机，不要把电源与电动机线接反，否则变频器将被损坏。

4. 系统线路检查

（1）通电前，按照信号控制顺序检查线路有无短路和接触不良等现象。

（2）检查电源进线的接线。

（3）检查电动机的接线。

（4）检查地线的连接，并保证保护接地电阻值小于 1 Ω。

5. 系统通电

（1）按照要求在指导教师监督下通电。

（2）线路通电后，必须检查各电源的电压是否符合要求。

实训完毕，切断电源，整理场地。

任务评价

根据任务完成过程中的表现，填写表 2-3-3。

表 2-3-3 任务评价

项目	评价要素	评价标准	自我评价	小组评价	综合评价
知识准备	资料准备	参与资料收集、整理，自主学习			
	计划制订	能初步制订计划			
	小组分工	分工合理，协调有序			
任务过程	识读变频主轴驱动装置的电气原理图	操作正确，熟练程度			
	电源和电动机连接	操作正确，熟练程度			
	连接数控模拟主轴线路	操作正确，熟练程度			
	连接主轴正转控制路线	操作正确，熟练程度			
	连接主轴反转控制路线	操作正确，熟练程度			
	正确连接地线	操作正确，熟练程度			
	系统通电	操作正确，熟练程度			
拓展能力	知识迁移	能实现前后知识的迁移			
	应变能力	能举一反三，提出改进建议或方案			

续表

项目	评价要素	评价标准	自我评价	小组评价	综合评价
学习态度	主动程度	自主学习主动性强			
	合作意识	协作学习能与同伴团结合作			
	严谨细致	仔细认真，不出差错			
	问题研究	能在实践中发现问题，并用理论知识解决实践中的问题			
	安全规程	遵守操作规程，安全操作			

任务拓展

变频主轴驱动系统维护

为了使主轴伺服驱动系统长期可靠连续运行，防患于未然，应进行日常检查和定期检查。注意以下作业项目：

1. 日常检查

（1）运行性能符合标准规范。
（2）周围环境符合标准规范。
（3）键盘面板显示正常。
（4）没有异常的噪声、振动和气味。
（5）没有过热或变色等异常情况。

2. 定期检查

定期检查时，应注意以下事项：
（1）维护检查时，务必先切断输入变频器（R、S、T）的电源。
（2）在确定变频器电源切断，显示消失，内部高压指示灯熄灭后，方可实施维护、检查。
（3）在检查过程中，绝对不可以将内部电源及线材、排线拔起及误配，否则会造成变频器不工作或损坏。
（4）安装时螺钉等配件不可置留在变频器内部，以免造成电路板短路现象。
（5）安装后保持变频器的清洁，避免尘埃、油雾、湿气侵入。

任务四 变频主轴调试

任务描述

认知数控机床的伺服主轴驱动装置，了解其组成，并掌握其工作原理。

知识链接

一、模拟主轴系统参数设定

按照要求对 FANUC 0i Mate – TD 数控系统主轴的相关参数进行设置，本例采用 0 ~ 10 V 的模拟变频主轴，需要设定的主要参数大部分集中在 37××号、38××号、4×××号参数范围内，要根据不同的需求设置不同的参数，如表 2 – 4 – 1 所示。

表 2 – 4 – 1　FANUC 0i Mate – TD 主轴相关参数及设定

参数号	符号	意义	0i Mate – TD
3705/0	EST	S 和 F 的输出	0
3705/4	EVS	S 和 F 的输出	0
3706/0，1	PG1/PG2	齿轮比	1
3706/6，7	CWM/TCW	M03/M04 的极性	0
3708/0	SAR	检查主轴速度到达信号	0
3708/1	SAT	螺纹切削开始检查	0
3716	A/Ss	模拟主轴	0
3717		主轴放大器号	1
3718		显示下标	80
3720		主轴编码器脉冲数	4 096
3730		主轴模拟输出的增益调整	0
3731		主轴模拟输出时电压偏移的补偿	0
3732		换向/换挡的主轴速度	0
3740		检查 SAR 的延时时间	0
3741		第一挡主轴最高速度	1 400
3772		最高主轴速度	1 400
8133/5		不使用串行主轴	1

主轴设定参数说明：

（1）齿轮比：主轴电动机皮带轮直径和主轴皮带轮直径的比值，可默认设置为 1。

（2）主轴最高转速：主轴所运行的最大转速，根据电动机本身最高转速和齿轮比进行设置。

（3）电动机最高转速：设定主轴的最高转速所对应的电动机速度，设定值不可超过电动机本身的最高转速。

提示：参数设定完毕后，先断电再上电，使参数生效，其他参数的设置可参考《参数说明书》。

二、变频器的相关参数设置

1. 需要设置的参数

本例变频器型号为日立 SJ300 – 055HF/7.5 kW，其详细参数请参考变频器的使用说明书。表 2 – 4 – 2 所示为根据要求给出的本例变频器相关参数。

表2-4-2 变频器的参数设定

参数号	名称	设定范围
A001	频率设定选定	01
A002	运行设定频率	01
A004	基频设定	50
A004	最大频率设定	100
F002	假设时间	1
F003	减速时间	1
C008	智能输入端子8设定（反转）	01
B012	电子热流保护	变频器额定电流值
C021	智能输出端子11设定（频率到达信号）	01

2. 设定参数操作

1）认识变频器数字操作器

图2-4-1所示为SJ300变频器数字操作器，其每部分的名称与作用见表2-4-3。

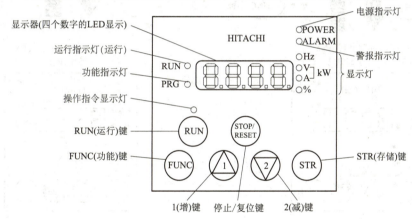

图2-4-1 SJ300变频器数字操作器

表2-4-3 SJ300变频器数字操作器各部分的名称与作用

名称	说明
显示器	显示频率、输出电流和设定值
运行指示灯	变频器运行时灯亮
功能指示灯	显示器显示某功能设定值时，灯亮；指示灯闪烁表示警报（设置值有误）
电源指示灯	控制电路电源指示灯
警报指示灯	变频器跳闸时，指示灯亮
显示灯	指示灯显示显示器的状态
操作指令显示灯	当操作器设置了运行指令（RUN/STOP）时，指示灯亮
RUN（运行）键	RUN指令启动电动机，但此指令只有当操作指令是来自操作器时才有效（确保操作指令显示灯为亮）
停止/复位键	此键用以使电动机停止，或使某警报复位
FUNC（功能）键	此键用以设定监示模式、基本设定模式、扩展功能模式
STR（存储）键	此键用以存储设定数据（要改变设定值必须按此键，否则数据会丢失）
增/减键	此键用以改变扩展功能模式、功能模式及设定值

2）显示模式切换操作流程（图2-4-2）

通电
[1]显示器内容显示
（开始显示0.00）

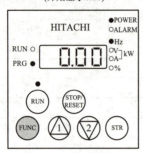

若显示基本设定模式和扩展功能模式时断电，则当再接通电源时，显示值将与断电前显示不同。

[5]显示显示代码
（显示d001）

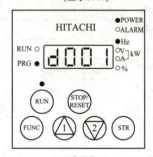

回到状态[2]

按下 FUNC 键

按下 ▽ 键 6次　　按下 △ 键 6次

[2]显示显示代码No.
（显示d001）

显示显示器模式No.后，按下FUNC(功能)键一次，返回原来的显示画面。

[4]显示扩展功能代码
（显示A---）

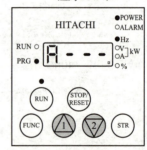

扩展功能代码显示顺序：
A←→b←→C←→H←→P←→U

按下 △ 键　　按下 ▽ 键

按下 ▽ 键 8次　　按下 △ 键 8次

（显示d002）

[3]显示基本设定代码
（显示F001）

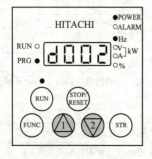

按下 △ 键19次（注1）
按下 ▽ 键19次

（注1）参考(3)功能代码的设定。

图2-4-2　显示模式切换操作流程

3）功能设置方法

例如，改变操作指令发送端（操作由控制器变为控制端子）的流程如图2-4-3所示。

改变操作指令发送端(操作器→控制端子)

[1]显示扩展功能模式

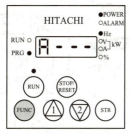

参考(1)显示方法，使显示器显示"A---"。由于操作指令由操作器输入，所以操作指令指示灯应亮。

[2]显示功能码

按下 △ 键

[3]显示功能模式内容

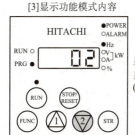

[5]显示扩展功能模式
（显示A---）

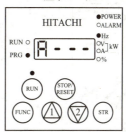

在此状态下，可切换到其他的扩展功能模式，显示模式及基本设定模式。

[4]显示显示码
（显示A002）

按下STR键确认所改变值。由于操作指令发送端已变到控制端子，所以操作指令显示灯由亮变灭。

按下 ▽ 键

显示02表示运行指令来自操作器。显示功能模式内容时，程序指示灯(PRG)亮。

变操作指令来自控制端子(01)。

图2-4-3　改变操作指令发送端流程

4）设置功能代码的方法

例如，从显示代码 d001 切换到功能代码 A029 的设置流程如图 2-4-4 所示。

[1]显示监视模式代码
(显示d001)

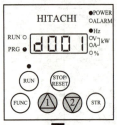

同时按下 △ 和 ▽ 键。

[2]改变到扩展功能代码

"d"闪烁。
按 △ 键2次

(显示A001)

"A"闪烁。
按STR键，确定。

按下 STR 键
(确定"A")

[3]改变功能码的第3个字码。

第3位"0"闪烁。
如不改变第3位字码，可按下
STR键以确认0。

按下 STR 键
(确定"0")

[4]改变功能码的第2个字码。

第2位"0"闪烁。

按下 △ 键2次

第2位，"2"闪烁。

按下 △ 键2次

显示A021

首位"1"闪烁。

按下 STR 键

[5]改变功能码的首位。

首位"9"闪烁。

按下 △ 或 ▽ 键。
(9次)   (2次)

(显示A029)

按下 STR 键
(确定"9")

[6]结束功能设置

结束设置A029
注：若输入代码在代码表中没有，则左端的"A"再次闪烁。确认要输入代码，再重新输入。

图 2-4-4 设置功能码流程

项目二 数控机床主轴电动机驱动控制

 任务实施

参照以下步骤为 CAK4085di 数控车床的变频主轴进行参数设置和调试

1. 任务准备（表 2-4-4）

表 2-4-4 常用材料清单

序号	名称	数量
1	数控车床综合实训装置（试验台）	1 台
2	电工常用工具	1 套
3	实训设备说明书和 FANUC 0i Mate-TD 说明书	各 1 本

2. 在指导教师的示范和指导下，完成下列操作

（1）根据上述讲解的知识，由指导教师制定变频器相关参数，学生独立完成参数的查询，并正确填写表 2-4-5。

表 2-4-5 参数记录

参数号	参数值	含义	备注

（2）根据上述讲解的知识，在教师的指导下，完成模拟主轴相关参数的设置，实训完毕，切断电源，整理场地。

 任务评价

根据任务完成过程中的表现，填写表 2-4-6。

表 2-4-6 任务评价

项目	评价要素	评价标准	自我评价	小组评价	综合评价
知识准备	资料准备	参与资料收集、整理，自主学习			
	计划制订	能初步制订计划			
	小组分工	分工合理，协调有序			

续表

项目	评价要素	评价标准	自我评价	小组评价	综合评价
任务过程	进入轴参数画面	操作正确，熟练程度			
	参数查询	操作正确，熟练程度			
	参数初始化	操作正确，熟练程度			
	参数设置	操作正确，熟练程度			
拓展能力	知识迁移	能实现前后知识的迁移			
	应变能力	能举一反三，提出改进建议或方案			
学习态度	主动程度	自主学习主动性强			
	合作意识	协作学习能与同伴团结合作			
	严谨细致	仔细认真，不出差错			
	问题研究	能在实践中发现问题，并用理论知识解决实践中的问题			
安全规程		遵守操作规程，安全操作			

任务拓展

变频主轴系统常见故障及处理

变频主轴常见故障与处理，见表 2-4-7。

表 2-4-7 变频主轴常见故障与处理

故障现象	可能原因	处理方法
电动机不运转	CNC 无速度信号输出	检测速度给定信号，检查系统参数
	主轴驱动器故障	(1) 是否有报警错误代码显示，如有报警，对照相关说明书解决（主要有过流、过压、欠压以及功率块故障等）。 (2) 频率指定源和运行指定源的参数是否设置正确。 (3) 智能输入端子的输入信号是否正确
	变频器输出端子 U、V、W 不能提供电源	电源是否已提供给端子
		运行命令是否有效
		RS（复位）功能或自由运行停车功能是否处于开启状态
	负载过重	电动机负载是否太重
	主轴电动机故障	电动机损坏
电动机反转	输出端子 U/T1、V/T2 和 W/T3 的连接是否正确	使得电动机的相序与端子连接相对应，通常来说，正转（FWD）= U—V—W，反转（REV）= U—W—V
	电动机正反转的相序是否与 U/T1、V/T2 和 W/T3 相对应	
	控制端子（FW）和（RV）连线是否正确	端子（FW）用于正转，（RV）用于反转

续表

故障现象	可能原因	处理方法
电动机转速不能到达指定速率	如果使用模拟输入，电流或电压为0	检查连线
		检查电位器或信号发生器
	负载太重	减少负载
		重负载激活了过载限定（根据需要不让此过载信号输出）
	系统参数设置错误	检查相关参数
转动不稳定	负载波动过大	增加电动机容量（变频器及电动机）
	电源不稳定	解决电源问题
	该现象只是出现在某一特定频率下	稍微改变输出频率，使用调频设定将有此问题的频率跳过
过流	加速中过流	检查电动机是否短路或局部短路，输出线绝缘是否良好
		延长加速时间
		变频器配置不合理，增大变频器容量
		降低转矩，提升设定值
	恒速中过流	检查电动机是否短路或局部短路，输出线绝缘是否良好
		检查电动机是否堵转，机械负载是否有突变
		变频器容量是否太小，增大变频器容量
		电网电压是否有突变
	减速中或停车时过流	输出连线绝缘是否良好，电动机是否有短路现象
		延长减速时间
		更换容量较大的变频器
		直流制动量太大，减少直流制动量
		机械故障，送厂维修
短路	对地短路	检查电动机连线是否有短路
		检查输出线绝缘是否良好
		送修
过压	停车中过压	延长减速时间，或加装制动电阻；改善电网电压，检查是否有突变电压产生
	加速中过压	
	恒速中过压	
	减速中过压	
低压		检查输入电压是否正常
		检查负载是否突然有突变
		是否缺相
变频器过热		检查风扇是否堵转，散热片是否有异物
		环境温度是否正常
		通风空间是否足够，空气是否能对流

续表

故障现象	可能原因	处理方法
变频器过载	连续超负载 150％1 min 以上	检查变频器容量是否配小，否则加大容量
		检查机械负载是否有卡死现象
		V/F 曲线设定不良，重新设定
电动机过载	连续超负载 150％1 min 以上	机械负载是否有突变
		电动机配用太小
		电动机发热绝缘变差
		电压是否波动较大
		是否存在缺相
		机械负载增大
	电动机过转矩	机械负载是否有波动
		电动机配置是否偏小
主轴转速与变频器不匹配	参数设置不正确	(1) 最大频率设定是否正确。 (2) 验证 V/F 设定值与主轴电动机规格是否匹配。 (3) 确保所有比例项参数设定正确
主轴与进给不匹配（螺纹加工时）	主轴编码器有问题	(1) CRT 画面有报警显示。 (2) 通过 PLC 状态显示观察编码器的信号状态。 (3) 用每分钟进给指令代替每转进给指令来执行程序，观察故障是否消失

任务五　伺服主轴认知

 任务描述

认知数控机床的伺服主轴驱动装置，了解其组成，并掌握其工作原理。

 知识链接

数控加工中心对主轴有较高的控制要求，首先要求在大力矩、强过载能力的基础上实现宽范围无级变速；其次要求在自动换刀过程中实现定向角度停止（即准停），这对加工中心主轴驱动系统提出了更高的要求。在实际应用中，常采用专用交流伺服主轴驱动装置，其本身具有准停功能，其轴控 PLC 信号可直接连接至 CNC 系统的 PMC，配合简捷的 PMC 逻辑程序即可完成准停定位控制，且控制精度非常高。

交流主轴驱动系统也有模拟式和数字式两种形式，其结构由主轴驱动单元、主轴电动机和检测主轴速度与位置的旋转编码器三部分组成，主要完成闭环速度控制，但当主轴准停时，则完成闭环位置控制。主轴驱动单元的闭环控制、矢量运算均由内部的高速信号处理器及控制系统实现。不同数控系统的主轴专用驱动装置是不同的，常用的主轴伺服系统介绍如下。

一、FANUC 主轴伺服系统

FANUC 公司生产的主轴系统，主要分为直流主轴驱动系统与交流主轴驱动系统两大类。从 20 世纪 80 年代开始，FANUC 公司已使用了交流主轴伺服系统，从 90 年代开始，交流伺服走向全数字化。目前有 S 系列、P 系列、H 系列、α 系列、β 系列以及新一代的 αi 系列、βi 系列交流数字伺服驱动单元，如图 2-5-1 所示。主轴伺服系统采用微处理器控制技术进行矢量计算。主电路采用 SPWM 晶体管控制技术，具有定向控制功能。

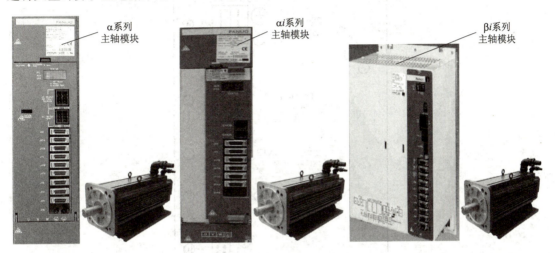

图 2-5-1 FANUC 系统常用交流主轴伺服系统

1. FANUC 系统 α 系列电源模块原理及作用

图 2-5-2 所示为 FANUC 系统 α 系列电源模块主电路。电源模块将 L1、L2、L3 输入的三相交流电（200 V）整流、滤波成直流电（300 V），为主轴驱动模块和伺服模块提供直流电源；200R、200S 控制端输入的交流电转换成直流电（DC 24 V、DC 5 V），为电源模块本身提供控制回路电源；通过电源模块的逆块把电动机的再生能量反馈到电网，实现回馈制动。

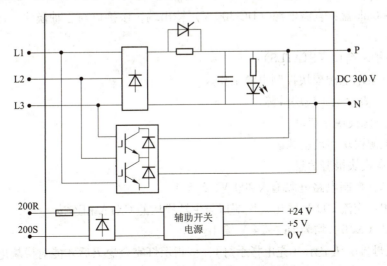

图 2-5-2 FANUC 系统 α 系列电源模块主电路

2. FANUC 系统 α 系列电源模块的端子功能（图 2-5-3）

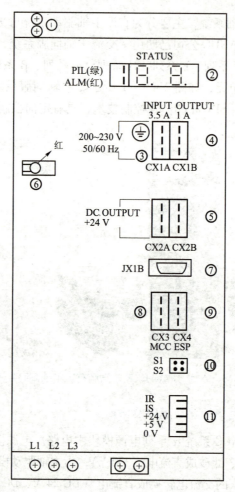

图 2-5-3　FANUC 系统 α 系列电源模块的端子功能

（1）DC-Link 盒：直流电源（DC 300 V）输出端，该接口与主轴模块、伺服模块的直流输入端连接。

（2）状态指示窗口（STATUS）：

PIL（绿）表示电源模块控制电源工作。

ALM（红）表示电源模块故障。

--表示电源模块未启动。

OO 表示电源模块启动就绪。

##表示电源模块报警信息。

（3）CX1A：控制电路电源输入 200 V、3.5 A。

（4）CX1B：交流 200 V 输出，该端口与主轴模块的 CX1A 相连接。

（5）CX2A/CX2B：均为 DC+24 V 输出。

（6）直流母排电压显示（充电指示灯）：该指示灯完全熄灭后才能对模块电缆进行各种操作。

(7) JX1B：模块之间的连接接口。与下一个模块的接口 JX1A 相连。进行各模块之间的报警信号及使能信号的传递。最后一个模块的 JX1B 必须用短接盒（5、6 脚短接）将模块间的使能信号短接，否则系统报警。

(8) CX3：主电源 MCC（常开点）控制信号接口。一般用于电源模块三相交流电源输入主接触器的控制。

(9) CX4：ESP 急停信号接口。一般与机床操作面板的急停开关的常闭点相接，不用该信号时，必须将 CX4 短接，否则系统处于急停报警状态。

(10) S1、S2：再生制动电阻的选择开关。

(11) 检测脚的测试端：IR\IS 为电源模块交流输入（L1、L2）的瞬时电流值；+24 V、+5 V 分别为控制电路电压的检测端。

(12) L1、L2、L3：三相交流 200 V 输入，一般与三相伺服变压器输出端连接。

3. FANUC 系统 α 系列电源模块的连接（图 2-5-4）

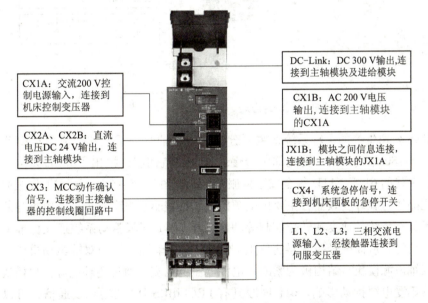

图 2-5-4 FANUC 系统 α 系列电源模块的连接

4. FANUC 系统 α 系列电源模块报警代码（表 2-5-1）

表 2-5-1 报警代码

LED 显示	故障名称	故障原因
01	IPM 报警	IPM 错误、过电流、控制电路电压低
02	风扇报警	电源模块冷却风扇发生故障
03	过热报警	智能模块 IPM 过热报警
04	DC 300 V 电压低报警	DC 300 V 电压为 0
05	DC 300 V 电压不足报警	DC 300 V 电压低于标准规定的值
06	输入电源缺相报警	三相交流动力电源缺相
07	DC 300 V 电压高报警	三相交流输入电压高或内部电压检测电路不良

5. FANUC 系统 α 系列主轴模块的连接（图 2–5–5）

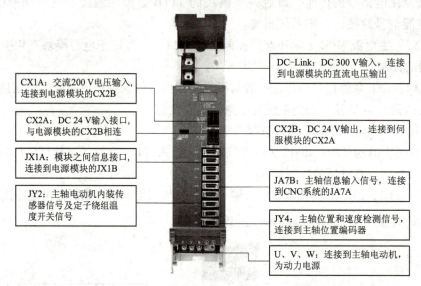

图 2–5–5　FANUC 系统 α 系列主轴模块的连接

二、SIEMENS 主轴伺服系统

SIEMENS 公司生产的主轴系统，主要分为直流主轴驱动系统和交流主轴驱动系统两大类。从 20 世纪 80 年代开始，交流伺服慢慢取代了直流伺服，推出了 6SC6×× 系列主轴驱动系统及新一代的 611U/611D 等全数字伺服系统，如图 2–5–6 所示。611 伺服驱动系统是一种模块化晶体管脉冲变频器，主要由电源模块、伺服驱动电动机模块、电抗与滤波模块等组成。除了具有传统的速度和转矩控制等功能以外，611 伺服驱动系统还在标准型号中提供集成的定位功能，从而减轻控制器的负担。611 伺服有单轴模块和双轴驱动模块，双轴驱动模块使用双轴电源模块，结构极为紧凑；电源电压范围宽，通过闭环电源接口模块供电，驱动轴的运行不受电源扰动影响。611 伺服具有 PROFIBUS DP 现场总线通信，可以将 611 伺服系统无缝集成在任何自动化环境中。

图 2–5–6　SIEMENS 611 伺服驱动系统

项目二 数控机床主轴电动机驱动控制

以 FANUC 系统 α 系列主轴模块为例,完成以下任务:
(1) 说出 FANUC 系统 α 系列电源模块的各端子功能。
(2) 说出 FANUC 系统 α 系列电源模块的连接。
(3) 说出 FANUC 系统 α 系列主轴模块的连接。

根据任务完成过程中的表现,填写表 2-5-2。

表 2-5-2 任务评价

项目	评价要素	评价标准	自我评价	小组评价	综合评价
知识准备	资料准备	参与资料收集、整理,自主学习			
	计划制订	能初步制订计划			
	小组分工	分工合理,协调有序			
任务过程	电源模块的各端子功能	操作正确,熟练程度			
	电源模块的连接	操作正确,熟练程度			
	主轴模块的连接	操作正确,熟练程度			
拓展能力	知识迁移	能实现前后知识的迁移			
	应变能力	能举一反三,提出改进建议或方案			
学习态度	主动程度	自主学习主动性强			
	合作意识	协作学习能与同伴团结合作			
	严谨细致	仔细认真,不出差错			
	问题研究	能在实践中发现问题,并用理论知识解决实践中的问题			
	安全规程	遵守操作规程,安全操作			

串行主轴控制与主轴模拟量控制的区别,见表 2-5-3。

表 2-5-3 串行主轴控制与主轴模拟量控制的区别

项目	变频主轴控制	伺服主轴控制
主轴转速输出	0~10 V 的模拟量	通过串行通信传输的内部数字信号
主轴驱动装置	模拟量控制的主轴驱动单元(如变频器)	数控系统专用的主轴驱动装置
主轴电动机	普通的三相异步电动机或者变频电动机	数控系统专用的主轴伺服电动机
主轴参数设定	在主轴驱动装置上设定与调整	在 CNC 上设定与调整,并利用串行总线自动传送到主轴驱动装置中

99

续表

项目	变频主轴控制	伺服主轴控制
主轴位置检测连接	直接由编码器连接到 CNC	从编码器到主轴驱动装置，再由主轴驱动装置到 CNC
主轴正反转启动与停止控制	利用主轴驱动装置上的外部接点输入信号进行控制	利用 CNC 和 PMC 之间的内部信号进行控制

项目三 CNC装置电气装调

知识目标

1. 认知CNC装置；
2. 掌握CNC装置接口功能及其特点。

技能目标

1. 掌握CNC装置安装；
2. 掌握CNC装置调试。

任务一 CNC 装置概述

任务描述

认知数控机床 CNC 装置，掌握其分类及其结构特点，了解常见 CNC 品牌及其特点。

知识链接

一、CNC 概述

数控是数字控制的简称，数控技术是利用数字化信息对机械运动及加工过程进行控制的一种方法。

早期时有两个版本：

NC（Numerical Control）：代表旧版的、最初的数控技术。

CNC（Computerized Numerical Control）：计算机数控技术——新版，数控的首选缩写形式。

NC 可能是 CNC，但 CNC 绝不是指老的数控技术。

早期的数控系统是由硬件电路构成的，称为硬件数控（Hard NC）。20 世纪 70 年代以后，硬件电路元件逐步由专用的计算机代替而称为计算机数控系统，一般是采用专用计算机并配有接口电路，可实现对多台数控设备动作的控制。因此现在的数控一般是 CNC（计算机数控）。

数控技术是用数字信息对机械运动和工作过程进行控制的技术，数控装备是以数控技术为代表的新技术对传统制造产业和新兴制造业的渗透形成的机电一体化产品，即所谓的数字化装备，如数控机床等。其技术涉及多个领域，如机械制造技术、信息处理、加工、传输技术，自动控制技术，伺服驱动技术，传感器技术，软件技术等。

数控技术及装备是发展新兴高新技术产业和尖端工业的使能技术和最基本的装备。世界各国信息产业、生物产业、航空、航天等国防工业广泛采用数控技术，以提高制造能力和水平，提高对市场的适应能力和竞争能力。工业发达国家还将数控技术及数控装备列为国家的战略物资，不仅大力发展自己的数控技术及其产业，而且在"高精尖"数控关键技术和装备方面对我国实行封锁和限制政策。因此大力发展以数控技术为核心的先进制造技术已成为世界各国加速经济发展、提高综合国力和国家地位的重要途径。

1. 数字化发展

数控技术的应用不但给传统制造业带来了革命性的变化，使制造业成为工业化的象征，而且随着数控技术的不断发展和应用领域的扩大，对国计民生的一些重要行业如国防、汽车等的发展也起着越来越重要的作用。这些行业装备数字化已是现代发展的大趋势，如桥式三、五坐标高速数控龙门铣床、龙门移动式五坐标 AC 摆角数控龙门铣床、龙门移动式三坐标数控龙门铣床等。

2. 高速化发展

随着数控系统核心处理器性能的进步，目前高速加工中心进给速度最高可达 80 m/min，空运行速度可达 100 m/min 左右。世界上许多汽车厂，包括我国的上海通用汽车公司，已经采用以高速加工中心组成的生产线部分替代组合机床。美国 CINCINNATI 公司的 HyperMach 机床进给速度最大达 60 m/min，快速为 100 m/min，加速度达 $2g$，主轴转速已达 60 000 r/min。加工一薄壁飞机零件，只用 30 min，而同样的零件在一般高速铣床加工需 3 h，在普通铣床加工需 8 h。

由于机构各组件分工的专业化，在专业主轴厂的开发下，主轴高速化日益普及。过去只用于汽车工业高速化的机种（15 000 r/min 以上的机种），已成为必备的机械产品要件。

3. 精密化发展

随着伺服控制技术和传感器技术的进步，在数控系统的控制下，机床可以执行亚微米级的精确运动。在加工精度方面，普通级数控机床的加工精度已由 10 μm 提高到 5 μm，精密级加工中心则从 3～5 μm 提高到 1～1.5 μm，并且超精密加工精度已开始进入纳米级（0.01 μm）。

4. 开放化发展

由于计算机硬件的标准化和模块化，以及软件模块化、开放化技术的日益成熟，数控技术开始进入开放化的阶段。开放式数控系统有更好的通用性、柔性、适应性、扩展性。美国、欧共体和日本等国纷纷实施战略发展计划，并进行开放式体系结构数控系统规范（OMAC、OSACA、OSEC）的研究和制定，世界3个最大的经济体在短期内进行了几乎相同的科学计划和技术规范的制定，预示了数控技术的一个新的变革时期的来临。我国在2000年也开始进行中国的ONC数控系统的规范框架的研究和制定。

5. 复合化发展

随着产品外观曲线的复杂化，模具加工技术必须不断升级，对数控系统提出了新的需求。机床五轴加工、六轴加工已日益普及，机床加工的复合化已是不可避免的发展趋势。新日本工机的五面加工机床采用复合主轴头，可实现4个垂直平面的加工和任意角度的加工，使得五面加工和五轴加工可在同一台机床上实现，还可实现倾斜面和倒锥孔的加工。德国DMG公司展出 DMUVoution 系列加工中心，可在一次装夹下实现五面加工和五轴联动加工，可由 CNC 系统控制或 CAD/CAM 直接或间接控制。

二、CNC 装置的组成

CNC 装置由计算机硬件和软件两大部分组成。CNC 装置的系统软件在系统硬件的支持下运行，合理地组织、管理整个系统的各项工作，实现各种数控功能。

1. CNC 装置的硬件

通用计算机的一般结构；数控特有的功能模块和接口单元，如图 3-1-1 所示。

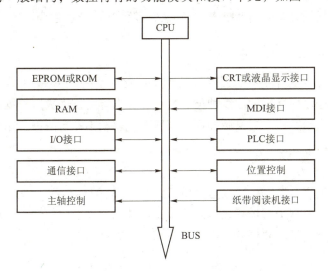

图 3-1-1　CNC 装置结构

2. CNC 装置的软件

根据数控加工中心配置的 CNC 数控系统不同，其软件控制形式和结构也不完全一样，不过大体上差不多。大体上都是由管理软件和控制软件组成，管理软件包括工件加工程序的输入输出程序、显示程序与故障诊断程序等；控制软件包括译码程序、刀具补偿计算程序、插补计算程序、速度控制程序和位置控制程序等。

CNC 系统要求在同一时间或同一时间间隔内完成两种以上性质相同或不同的工作，因此需要对系统软件的各功能模块实现多任务并行处理。根据机床不同的 CNC 系统配置，其结构形式也不完全一样。较常见的软件结构形式有前后台型软件结构和中断型软件结构。一般来说，数控加工中心配置的 CNC 系统控制软件常采用前后台型结构，如图 3-1-2 所示。

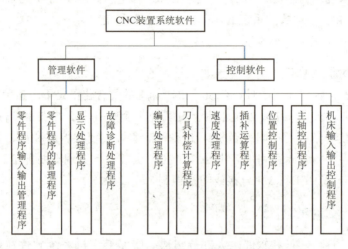

图 3-1-2　CNC 软件结构

3. 软件实现的功能

CNC 系统的控制软件一般存放在系统的 EPROM 内存中。根据数控加工中心的加工特点，其功能一般包括插补运算程序、输入数据处理程序、管理程序、速度控制程序和诊断程序。

1）插补运算程序

数控加工中心可以进行复杂曲面工件的加工，这就要用到 CNC 系统的插补功能。CNC 系统根据工件加工程序中提供的曲线种类、起点、终点等进行运算。根据运算结果，分别向机床各坐标轴发出进给脉冲。进给脉冲通过伺服系统驱动工作台或刀具做相应的运动，完成程序规定的加工任务。

2）输入数据处理程序

工件加工程序输入 CNC 系统后，通过软件系统将标准代码表示的加工指令和数据进行译码、数据处理，并按规定的格式存放。还可进行补偿计算，或为插补运算和速度控制等进行预计算。一般来说，输入数据处理程序包括输入、译码和数据处理三项内容。

3）管理程序

管理程序负责对数据输入、数据处理、插补运算等为加工过程服务的各种程序进行调度管理，同时还要对面板命令、时钟信号、故障信号等引起的中断进行处理。

4）速度控制程序

速度控制程序根据给定的速度值控制插补运算的频率，以确保实现预定的进给速度。在速度变化较大时，需要进行自动加减速控制，以避免因速度突变而造成数控加工中心驱动系统失步。

5）诊断程序

诊断程序的功能是在程序运行中及时发现系统的故障，并指出故障类型的一种服务程序。也可以在数控加工中心运行前或故障发生后，检查系统各主要部件的功能是否正常，并指出发生故障的部位。

三、CNC 装置的功能

CNC 装置的功能是指满足用户操作和机床控制要求的方法和手段。数控装置的功能包括基本功能和选择功能。基本功能是数控系统基本配置的或者说必备的功能。选择功能则是供用户根据数控机床的特点和用途的实际需要来选择的功能。CNC 装置的主要功能有以下几个方面。

1. 控制功能

控制功能是指 CNC 装置能够控制的进给轴数和联动进给轴数。它是 CNC 装置的重要性能指标，是区分 CNC 装置档次的重要参数。如：

（1）数控车床：X、Z 两轴联动。

（2）车削中心：X、Z、C 三轴控制，两轴联动。

（3）活塞数控车床：X、Z、U 三轴联动，加工活塞裙部中凸椭圆形面。

（4）两轴联动数控铣床：三轴控制，两轴联动，加工平面轮廓。

（5）三轴联动数控铣床：三轴联动，加工复杂曲面。

（6）多轴联动数控铣床：多轴控制，多轴联动，高精度加工复杂曲面，如螺旋桨叶面。

2. 准备功能

准备功能又称为 G 功能，用来指明下一步机床要执行的加工动作。

3. 插补功能

插补功能是 CNC 装置的核心功能，用于实现对零件轮廓加工的控制。一般的 CNC 装置具有直线插补和圆弧插补功能。高档的 CNC 装置还具有抛物线、椭圆、极坐标、正弦线、螺旋线等二次曲线以及样条曲线插补功能。

4. 固定循环功能

用一条指定的 G 指令实现某个固定工作循环。CNC 装置具有固定循环功能，能大大减少加工程序编写工作量，减少出错率，提高编程效率。

5. 进给功能

进给功能是指 CNC 装置能实现或控制进给运动速度。一般包括：

（1）切削进给速度，指切削加工时刀具相对于工件的运动速度（mm/min），用 F 指令设定。

（2）同步进给速度，指主轴转一转时，刀具相对于工件的位移量（mm/r）。

（3）快速进给速度，指机床的最高移动速度（mm/min），用于非切削加工时的快速进给。

（4）进给倍率（进给修调率），用于人工实时修调进给速度。

6. 主轴功能

主轴功能是指 CNC 装置对主轴运动的控制功能。一般包括：

（1）主轴转速（r/min），用 S 指令设定。

（2）恒线速度控制，指保持刀具切削点的切削速度恒定的功能。

（3）主轴定向控制，指将主轴周向定位控制于特定位置的功能，又称为主轴准停。

（4）C 轴控制，指对主轴周向任意位置控制的功能。

（5）切削倍率（主轴修调率），用于人工实时修调切削速度。

7. 辅助功能

辅助功能指 CNC 装置能指令的辅助操作，即 M 功能。

8. 刀具管理功能

刀具管理功能是指 CNC 装置刀具的管理和控制功能。包括：

（1）刀具几何尺寸管理：存储、修改刀具的半径、长度等参数。

（2）刀具寿命管理：记录、存储刀具使用的时间，当刀具时间寿命到期时，提示用户更换刀具。

（3）刀号管理：即 T 功能，用于识别和选用刀具。

9. 补偿功能

补偿功能是指 CNC 装置根据设定的一些补偿量，在控制机床进给时对刀具轨迹或位置进行修正补偿的功能。

（1）刀具半径和长度补偿功能。

（2）传动链误差补偿功能（螺距误差补偿和反向间隙补偿）。

（3）智能误差补偿。对几何误差造成的综合加工误差、热变形引起的误差、静态弹性变形误差、刀具磨损带来的误差等，采用专家系统、人工神经网络、模糊控制等人工智能方法建立误差补偿模型。CNC 装置在控制数控机床加工的过程中，根据检测的机床状态参数和误差补偿模型，实时地进行误差补偿。

10. 显示功能

显示功能是指 CNC 装置利用配置的显示器提供显示各种信息的功能。

11. 通信功能

通信功能是指 CNC 装置能提供的与上级计算机或计算机网络进行信息传输的功能。常见接口有 RS232C 接口、DNC 接口、MAP（自动化制造协议）通信接口，现代 CNC 装置则配置网卡。

12. 自诊断功能

自诊断功能是指 CNC 装置具有的对数控系统和机床出现的故障进行诊断的功能，如在线诊断、离线诊断、远程故障诊断等。

四、CNC 装置的特点

与 NC 装置比较，CNC 装置有以下特点。

1. 扩展性和通用性强

只需修改和扩充软件模块就可以改变和扩充数控功能。基本配置（软件和硬件）是通用的，只要配置相应的功能模块就可以满足不同数控机床的特定控制要求。

特别是具有开放式体系结构的数控系统：CNC 装置的硬件和软件是按统一的标准设计开发的。硬件和系统软件具有兼容性，系统软件具有开放性，能很方便地重新根据使用要求来配置系统和扩展使用功能。

2. 数控功能丰富

插补功能：除直线和圆弧插补外，还能实现复杂的二次曲线插补、样条曲线插补等功能。

补偿功能：除刀具半径和长度补偿、反向间隙补偿外，还能实现运动精度补偿、随机补偿、非线性补偿、智能补偿等功能。

显示功能：具有高级的人机交互界面，具有加工过程的动、静态跟踪显示以及图形显示功能。

编程功能：能进行一定的自动编程。

3. 可靠性高

CNC 装置可靠性高的原因主要在于：

（1）采用高集成度的电子元件和大规模集成电路（VLSI）芯片，在器件层面上保证其具有高的可靠性。

（2）由软件实现数控功能，减少了硬件数量，从而减小了硬件故障发生的概率，提高了可靠性，延长了平均无故障时长。

（3）由于具有自诊断功能，所以系统发生故障的频率降低，发生故障后的修复时间缩短，可靠性提高，缩短了平均故障修复时间。

4. 使用维护方便

在操作上具有良好的菜单式操作界面，用户只需根据菜单的提示就可以进行正确的操作，使用十分方便。

在编程上具有多种编程功能，而且具有程序子校验和模拟仿真功能，使得数控加工程序编制更加方便和快捷。

在维护维修上，CNC 装置可以承担许多日常的数控机床维护工作，如润滑、关键部位的定期检查，减少了人工维护的工作量。另外，CNC装置的自诊断功能可以迅速判断故障类型和位置，方便维修人员的维修。

5. 易于实现制造系统的集成

CNC装置具有的通信功能，使得CNC装置能够与上级计算机和网络进行连接通信。CNC装置能接受上级计算机或网络发出的控制和管理信息，同时也能向上级计算机或网络发送机床和系统运行的各种信息。因此，数控机床能被容易地集成到各种类型的现代制造系统之中。

特别是配置有网卡的CNC装置及其数控机床可直接作为网络终端，使得通过计算机网络组成跨地区的网络制造系统成为可能。

任务实施

认知FANUC 0i M系统前面板

1. FANUC 0i M系统的"系统显示区域"和"功能软键区域"

"系统显示区域"所显示的内容根据它右侧的"控制系统操作面板"的按钮选择，以及它下方的"功能软键区域"的选择来显示不同的内容。"功能软键区域"两侧的带箭头的软键是拓展键，向前或向后查询显示屏上显示不到的内容；中间的空白软键，每个按键代表显示屏上它对应的内容，图中第一个空白软键代表的是绝对坐标。"系统显示区域"和"功能软键区域"如图3-1-3所示。

图3-1-3 "系统显示区域"和"功能软键区域"

2. POS（机床各坐标）

POS键，是英文position的缩写，其中文意思为位置。单击POS键，显示屏上可以显示机床的绝对坐标、相对坐标和综合坐标。POS键如图3-1-4所示。

项目三 CNC装置电气装调

图 3-1-4　POS 键

3. PROG（程序键）

PROG 键，是英文 program 的缩写，其中文意思为程序。单击 PROG 键，显示屏上显示机床正在运行的程序，或者在显示屏上查看机床上的程序。PROG 键如图 3-1-5 所示。

图 3-1-5　PROG 键

4. OFFSET SETTING（机床坐标系或者刀偏坐标系）

单击 OFFSET SETTING 键，可以修改坐标系的偏差值、刀具的补正等。OFFSET SETTING 键如图 3-1-6 所示。

109

图 3-1-6　OFFSET SETTING 键

5. SYSTEM（系统参数）

单击 SYSTEM 键，可以在显示屏上查看或修改系统的参数。SYSTEM 键如图 3-1-7 所示。

图 3-1-7　SYSTEM 键

6. MESSAGE（报警信息键）

单击 MESSAGE 键，可以查看机床的报警信息，可根据信息快速定位相关错误或故障等。MESSAGE 键如图 3-1-8 所示。

项目三　CNC装置电气装调

图 3-1-8　MESSAGE 键

7. CUSTOM GRAPH（图像键）

单击 CUSTOM GRAPH 键，可以显示机床模拟运动轨迹设置画面，在设置好参数之后可以进行模拟加工程序轨迹。CUSTOM GRAPH 键如图 3-1-9 所示。

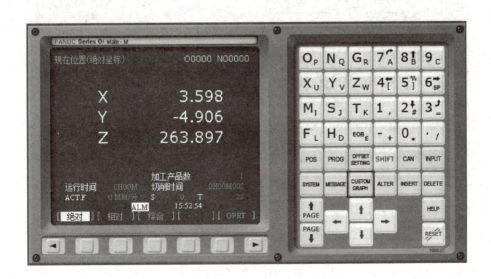

图 3-1-9　CUSTOM GRAPH 键

8. 数字键、符号键、字母键

数字键、符号键、字母键，用于输入数据到机床显示屏、编辑程序、录入参数等。数字键、符号键、字母键如图 3-1-10 所示。

111

图 3-1-10　数字键、符号键、字母键

9. EOB（换行键）

在编辑程序过程中，写完一个程序段需要换行时，需要通过 EOB 键输入一个结束符。EOB 键如图 3-1-11 所示。

图 3-1-11　EOB 键

10. SHIFT（上挡键）

在利用有两个符号的单键时，需要用 SHIFT 键进行切换。如输入字母 D 时，如果直接按"H_D"按钮，显示屏上会显示 H，所以需要先按 SHIFT 键，再按"H_D"按钮。SHIFT 键如图 3-1-12 所示。

项目三 CNC装置电气装调

图 3-1-12 SHIFT（上挡键）

11. CAN（取消键）

在输入数据时，数据输至缓冲区，在按 INPUT 或 INSERT 之前，想要取消缓冲区的数据，则按"CAN"取消。CAN 键如图 3-1-13 所示。

图 3-1-13 CAN 键

12. ALTER（替换键）

在程序编辑时若输错指令等，则不需要进行删除程序段重新编写，只需将光标移至出错处，利用 ALTER 键修改即可。如果想要把程序中"X10"改成"Y20"，则有两种方法：一种是把"X10"删了，再把"Y20"输入程序中；另一种方法是，用光标选中"X10"，在缓冲区输入"Y20"，然后按"ALTER"键，就可以把"X10"替换成"Y20"了。ALTER 键

113

如图 3-1-14 所示。

图 3-1-14　ALTER 键

13. INPUT（输入键）

INPUT 键用于对参数的设置。在"录入模式"下，输入数值，按 INPUT 键。INPUT 键如图 3-1-15 所示。

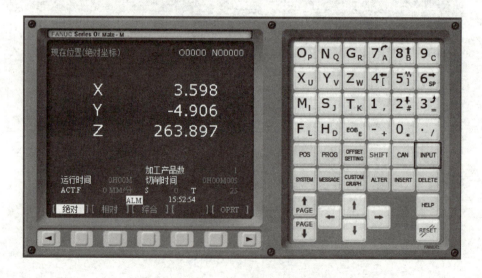

图 3-1-15　INPUT 键

14. INSERT（插入、添加键）

INSERT 键用于对程序的编辑。在"编辑模式"下，编写加工程序输入数据时，需要按 INSERT 键插入数据或指令。INSERT 键如图 3-1-16 所示。

项目三　CNC装置电气装调

图 3-1-16　INSERT 键

15. DELETE（删除键）

CAN 键是取消缓冲区的某个数据。DELETE 键是用于删除程序中的某个代码、字符、程序段或者整个程序。DELETE 键如图 3-1-17 所示。

图 3-1-17　DELETE 键

16. HELP（帮助键）

单击 HELP 键可以调出 FANUC 系统中自带的一些帮助信息，得到一定帮助。HELP 键如图 3-1-18 所示。

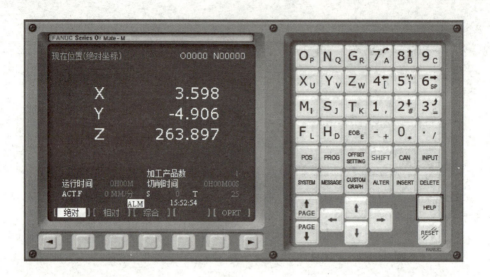

图 3-1-18 HELP 键

17. 上翻页和下翻页键

通过上翻页和下翻页键，机床显示区域的画面向前/向后变换页面。上翻页和下翻页键如图 3-1-19 所示。

图 3-1-19 上翻页和下翻页键

18. 光标移动键

根据箭头指示，通过按不同箭头（向上、向下、向左、向右）的按键，光标向箭头指示的位置移动。光标移动键如图 3-1-20 所示。

项目三　CNC装置电气装调

图 3-1-20　光标移动键

19. RESET（复位键）

按 RESET 键，可以复位 CNC 系统。例如，取消机床的报警、主轴发生故障需要复位、加工中途需要退出自动操作循环和中途需要退出数据的输入、输出过程等。RESET 键如图 3-1-21 所示。

图 3-1-21　RESET 键

任务评价

根据任务完成过程中的表现，填写表 3-1-1。

表 3-1-1 任务评价

项目	评价要素	评价标准	自我评价	小组评价	综合评价
知识准备	资料准备	参与资料收集、整理、自主学习			
	计划制订	能初步制订计划			
	小组分工	分工合理，协调有序			
任务过程	虚拟轴插补认知	操作正确，熟练程度			
	圆柱插补认知	操作正确，熟练程度			
	极坐标插补认知	操作正确，熟练程度			
	三维刀具补偿认知	操作正确，熟练程度			
	主轴输出切换认知	操作正确，熟练程度			
拓展能力	知识迁移	能实现前后知识的迁移			
	应变能力	能举一反三，提出改进建议或方案			
学习态度	主动程度	自主学习主动性强			
	合作意识	协作学习能与同伴团结合作			
	严谨细致	仔细认真，不出差错			
	问题研究	能在实践中发现问题，并用理论知识解决实践中的问题			
	安全规程	遵守操作规程，安全操作			

任务拓展

一、西门子数控系统产品功能

1. 控制类型

采用 32 位微处理器，实现 CNC 控制，完成 CNC 连续轨迹控制以及内部集成式 PLC 控制。

2. 机床配置

可实现钻、车、铣、磨、切割、冲、激光加工和搬运设备的控制，备有全数字化的 SIMDRIVE611 数字驱动模块，最多可以控制 31 个进给轴和主轴。进给和快速进给的速度范围为 100~9 999 mm/min。其插补功能有样条插补、三阶多项式插补、控制值互联和曲线表插补等，为加工各类曲线、曲面零件提供了便利条件。此外，还具备进给轴和主轴同步操作的功能。

3. 操作方式

其操作方式主要有 AUTOMATIC（自动）、JOG（手动）、示教（TEACH IN）、手动输入运行（MDA）。自动方式：程序自动运行，加工程序中断后，从断点恢复运行；可进行进给保持及主轴停止、跳段功能、单段功能、空运转。

4. 轮廓和补偿

840D 系统可根据用户程序进行轮廓的冲突检测、刀具半径补偿的进入和退出策略及交点计算、刀具长度补偿、螺距误差补偿、反向间隙补偿、过象限误差补偿等。

5. NC 编程

840D 系统的 NC 编程符合 DIN 66025 标准（德国工业标准），具有高级语言编程特色的程序编辑器，可进行公制、英制尺寸或混合尺寸的编程，程序编制与加工可同时进行，系统具备 1.5 MB 的用户内存，用于零件程序、刀具偏置、补偿的存储。

6. PLC 编程

840D 系统的集成式 PLC 完全以标准 sIMAncs7 模块为基础，PLC 程序和数据内存可扩展到 288 KB，u/o 模块可扩展到 2 048 个输入/输出点、PLC 程序能以极高的采样速率监视数据输入，向数控机床发送运动停止/启动等指令。

7. 操作部分硬件

840D 系统提供了标准的 PC 软件、硬盘、奔腾处理器，用户可在 Windows 98/2000 下开发自定义的界面。此外，两个通用接口 RS232 可使主机与外设进行通信，用户还可通过磁盘驱动器接口和打印机并联接口完成程序存储、读入及打印工作。

8. 显示部分

840D 系统提供了多种语言的显示功能，用户只需按一下按钮，就可将用户界面从一种语言转换为另一种语言，系统提供的语言有中文、英语、德语、西班牙语、法语、意大利语，显示屏上可显示程序块、电动机轴位置、操作状态等信息。

二、西门子数控系统的基本构成

西门子数控系统有很多种型号，SINUMERIK 802D 是个集成的单元，它是由 NC 以及 PLC 和人机交互界面（HMI）组成的，通过 Profibus 总线连接驱动装置以及输入输出模板，实现控制功能。

而在西门子的数控产品中最有特点、最有代表性的系统应该是 840D 系统。因此，我们可以通过了解西门子 840D 系统来了解西门子数控系统的结构。西门子 840D 系统的结构组成，是由数控及驱动单元（CCU 或 NCU）、MMC、PLC 模块三部分组成的，由于在集成系统时，总是将 SIMDRIVE611D 驱动和数控单元（CCU 或 NCU）并排放在一起，并用设备总线互相连接，因此在说明时将二者划归一处。

1. 人机交互界面

人机交互界面负责 NC 数据的输入和显示，主要包括：MMC（Man Machine Communication）单元、OP（Operation panel）单元、MCP（Machine Control Panel）单元三部分。MMC 单元实际上是一台计算机，有自己独立的 CPU，还可以带硬盘和软驱；OP 单元是这台计算机的显示器，而西门子 MMC 的控制软件也在这台计算机中。MCP 单元是系统自带急停按钮、主轴倍率、轴进给倍率、轴选择、方式选择等按钮的机床操作面板，MCP 也是机床操作面板的简称。

1）MMC（Man Machine Communication）

最常用的 MMC 有两种：MMC100.2 和 MMC103，其中 MMC100.2 的 CPU 为 486，不能带硬盘；而 MMC103 的 CPU 为奔腾，可以带硬盘。一般的，用户为 SINUMERIK810D 配 MMC100.2，而为 SINUMERIK840D 配 MMC103。PCU（PC UNIT）是专门为配合西门子最新的操作面板 OP10、OP10S、OP10C、OP12、OP15 等而开发的 MMC 模块，目前有 PCU20、PCU50、PCU70 三种。PCU20 对应于 MMC100.2，不带硬盘，但可以带软驱；PCU50、PCU70 对应于 MMC103，可以带硬盘，与 MMC 不同的是，PCU50 的软件是基于 Windows NT 的。PCU 的软件被称作 HMI。

HMI 分为两种：嵌入式 HMI 和高级 HMI。按一般标准供货时，PCU20 装载的是嵌入式 HMI，而 PCU50 和 PCU70 则装载高级 HMI。

2）OP（Operation Panel）

OP 单元一般包括一个 10.4″ TFT 显示屏和一个 NC 键盘。根据用户的不同要求，西门子为用户选配不同的 OP 单元，如 OP030、OP031、OP032、OP032S 等，其中 OP031 最为常用。

3）MCP（Machine Control Pannel）

MCP 是专门为数控机床而配置的，它也是 OPI（Operator Panel Interface）上的一个节点，根据应用场合不同，其布局也不同，目前，有车床版 MCP 和铣床版 MCP 两种。对 810D 和 840D，MCP 的 MPI 地址分别为 14 和 6，用 MCP 后面的 S3 开关设定。

SINUMERIK840D 应用了 MPI（Multiple Point Interface）总线技术，传输速率为 187.5 KB/s，OP 单元为这个总线构成的网络中的一个节点。为提高人机交互的效率，又有 OPI 总线，它的传输速率为 1.5 MB/s。

2. NCU（Numerical Control Unit）数控单元

SINUMERIK840D 的数控单元被称为 NCU（Numerical Control Unit）单元［在 810D 中称为 CCU（Compact Control Unit）］——中央控制单元，负责 NC 所有的功能、机床的逻辑控制，还有和 MMC 的通信。它由一个 COM CPU 板、一个 PLC CPU 板和一个 DRIVE 板组成。

根据选用硬件如 CPU 芯片等和功能配置的不同，NCU 分为 NCU561.2、NCU571.2、NCU572.2、NCU573.2（12 轴）、NCU573.2（31 轴）等若干种。同样，NCU 单元中也集成 SINUMERIK840D 数控 CPU 和 SIMATIC PLC CPU 芯片，包括相应的数控软件和 PLC 控制软件，并且带有 MPI 或 Profibus 接口、RS232 接口、手轮及测量接口、PCMCIA 卡插槽口等，所不同的是 NCU 单元很薄，所有的驱动模块均排列在其右侧。

任务二　CNC 接口分析

认知数控机床常见的 CNC 接口，掌握其功能及结构特点，能够掌握其工作原理。

知识链接

一、CNC 装置的接口电路

数控装置与机床及机床电气设备之间的接口有三种类型：

第一类：与驱动控制器和测量装置之间的连接电路负责由 CNC 装置至伺服单元、伺服电动机、位置检测、速度检测之间的信息控制，属于数字控制、伺服控制和检测控制。

第二类：电源及保护电路由数控机床强电线路中的电源控制电路构成。强电线路是由电源变压器、继电器、接触器、保护开关、熔断器等连接而成的，为驱动单元、主轴电动机、辅助电动机（如风扇电动机、切削液泵电动机、换刀电动机等）、电磁铁、电磁阀、离合器等功率执行元件供电。

强电线路不能与低压下工作的控制电路或弱电线路直接连接，只能通过中间继电器、热保护器、控制开关等连接。用继电器控制回路或 PLC 控制中间继电器，用中间继电器的触点给接触器接通强电，以控制主回路（强电线路）。

第三类：开/关信号和代码连接电路。此电路供给 CNC 装置与机床参考点、限位、面板开关等，以及一些辅助功能输出控制连接的信号。

当数控机床没有用 PLC 时，这些信号在 CNC 装置与机床间直接传送。当数控机床带有 PLC 时，这些信号除一些高速信号外，均通过 PLC 输入/输出。

二、机床 I/O 接口

功能：用来接收机床操作面板上的开关、按钮信号及机床的各种限位开关信号，用来把机床工作状态指示灯信号送到机床操作面板，把控制机床动作的信号送到强电柜。

要求：

（1）进行必要的电隔离，防止干扰信号串入，防止高压串入对 CNC 装置造成损坏。

（2）进行电平转换和功率放大。

1. 光电耦合器

光电耦合器是以光为媒介传输电信号的一种电—光—电转换器件，它由发光源和受光器两部分组成。把发光源和受光器组装在同一密闭的壳体内，彼此间用透明绝缘体隔离。发光源的引脚为输入端，受光器的引脚为输出端，常见发光源为发光二极管，受光器为光敏二极管、光敏三极管等。光电耦合器如图 3-2-1 所示。

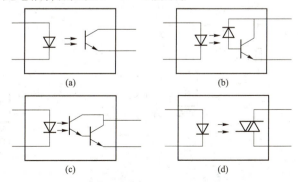

图 3-2-1 光电耦合器

（a）普通型光电耦合器；（b）高速型光电耦合器；（c）达林顿输出光电耦合器；（d）可控硅输出光电耦合器

特点：

（1）使用光传递信号，可使输入和输出在电气上隔离，抗干扰能力强，特别是抗电磁干扰能力强。

（2）可用于电位不同的电路间耦合，即可进行电平转换。

（3）传递信号单方向，寄生反馈小，传递信号的频带宽。

（4）响应速度快，易与逻辑电路配合。

（5）无触点，耐冲击，寿命长，可靠性高。

2. 簧式继电器

簧式继电器主要由两个磁性簧片组成，在磁场作用下它们接触导通。

特点：控制电流小，触点开关电流大；具有隔离作用，又有电平转换和驱动作用。

其中，固态继电器如图3-2-2所示，是由输入电路、隔离部分和输出部分组成的四端组件。施加触发信号呈导通状态，无信号则呈阻断状态。

特点：无触点开关器件，因而工作可靠、寿命长、抗干扰能力强、开关速度快。

由于计算机I/O口驱动能力有限，需要用专门的驱动电路来驱动数控机床的各类负载，如图3-2-3所示。其分类如下：

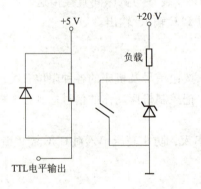
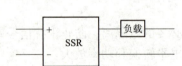

图3-2-2　固态继电器　　　　图3-2-3　接口驱动电路

典型的分立元件电路（图3-2-4）包括功率晶体管驱动电路、达林顿晶体管驱动电路、功率场效应管，如集成驱动器中使用了达林顿反向缓冲器带逻辑门集成。

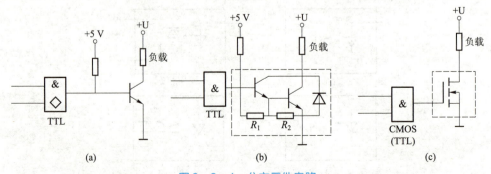

图3-2-4　分立元件电路
（a）功率晶体管；（b）达林顿晶体管；（c）功率场效应管

三、标准输入输出设备接口

常见的标准输入输出设备及其接口：键盘及其接口、LED 及其接口、串行数据通信及其接口、异步传输接口和同步传输接口。

1. 键盘及其接口

键盘有两种：一种是全编码键盘，其键码全由硬件提供，但是这种方式的硬件结构复杂、成本高；另一种是非编码键盘，这种键盘多采用矩阵方式，利用软件识别键码及完成各种键功能处理，包括去抖动、防止串键等。这种方式的硬件开销低、灵活性大、应用比较广泛。

（1）常见键盘识别方法有行扫描法和线反转法。

① 行扫描法：按行扫描键盘，检查列的输出，由行列信号的组合确定被按下的键，如图 3-2-5 所示。

例：N1.2 键。

行输出：0010

列输入：1101

② 线反转法：行列线交换输入、输出，两步获取按键键号。

例：N1.2 键。若 D3～D0 为列输入线，D7～D4 为行输出线，则输入代码为 1011；若 D3～D0 为行输出线，D7～D4 为列输入线，则输出代码为 1101，如图 3-2-6 所示。

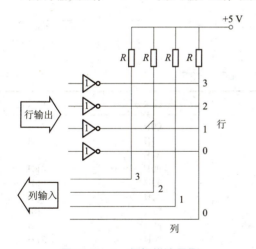

图 3-2-5　行扫描法示例

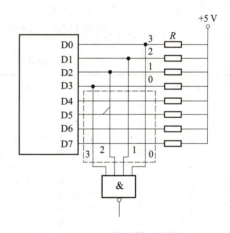

图 3-2-6　线反转法示例

（2）去抖动和多键保护。

如图 3-2-7 所示，按键是机械触点，故而存在抖动，用硬件和软件方法消除。但多采用软件，即检测到键按下时，执行一个延时程序再确认键的闭合。而多键保护，也需要软件作用，包括双键同时按下保护、几个键连锁等。

2. LED 及其接口

LED 数码管又称为半导体数码管，它是由多

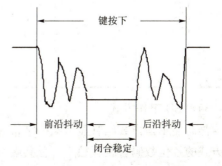

图 3-2-7　去抖时序

个 LED 按分段式封装制成的。LED 数码管有两种形式：共阴型和共阳型，如图 3-2-8 所示。

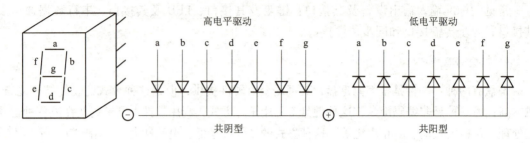

图 3-2-8　LED 数码管的两种形式

1）限流电阻

一般 LED 的工作电流为 2~20 mA，而驱动电压如果选 5 V 的话，则需要连接合适的限流电阻，如图 3-2-9 所示。

当工作电流为 10 mA 时：

$$R = \frac{5\,\text{V} - V_\text{D}}{I_\text{F}} = \frac{5\,\text{V} - V_\text{D}}{10\,\text{mA}}$$

2）7 段 LED 字型码

7 段 LED 字型码的编码如表 3-2-1 所示，在表中有共阳极和共阴极两种接法的数值。

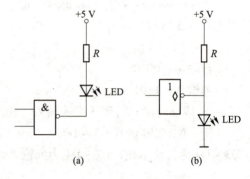

图 3-2-9　限流电阻
（a）低电平驱动；（b）高电平驱动

表 3-2-1　7 段 LED 字型码

显示字型	h	a	b	c	d	e	f	g	共阳极段选码	共阴极段选码
0	1	1	0	0	0	0	0	0	C0H	3FH
1	1	1	1	1	1	0	0	1	F9H	06H
2	1	0	1	0	0	1	0	0	A4H	5BH
3	1	0	1	1	0	0	0	0	B0H	4FH
4	1	0	0	1	1	0	1	0	99H	06H
5	1	0	0	1	0	0	1	0	92H	6DH
6	1	0	0	0	0	0	1	0	82H	7DH
7	1	1	1	1	1	0	0	0	F8H	07H
8	1	0	0	0	0	0	0	0	80H	7FH
9	1	0	0	1	0	0	0	0	90H	6FH
A	1	0	0	0	1	0	0	0	88H	77H
B	1	0	0	0	0	0	1	1	83H	7CH
C	1	1	0	0	0	1	1	0	C6H	39H
D	1	0	1	0	0	0	0	1	A1H	5EH
E	1	0	0	0	0	1	1	0	86H	79H
F	1	0	0	0	1	1	1	0	8EH	71H
"灭"	1	1	1	1	1	1	1	1	FFH	00H

3）LED 工作方式

静态显示是指数码管显示某一字符时，相应的发光二极管恒定导通或恒定截止。这种显示方式的各位数码管相互独立，公共端恒定接地（共阴极）或接正电源（共阳极）。每位数码管的 8 个字段分别与一个 8 位 I/O 口地址相连，如图 3-2-10 所示。

特点：功耗大，占硬件资源多；亮度大，适合室外场合。

动态显示是一位一位地轮流点亮各位数码管，这种逐位点亮显示器的方式称为位扫描。通常，各位数码管的段选线相应并联在一起，由一个 8 位的 I/O 口控制；各位的位选线（公共阴极或阳极）由另外的 I/O 口线控制。为保证连续显示，刷新周期选择 50 ms 左右。动态显示 LED 接法如图 3-2-11 所示。

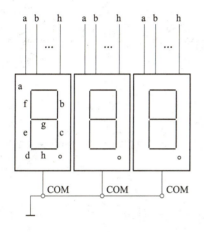

图 3-2-10　静态显示 LED 接法

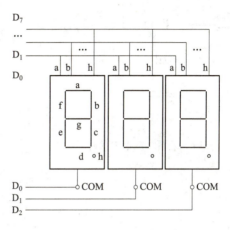

图 3-2-11　动态显示 LED 接法

3. 串行数据通信及接口

1）物理层协议

该层提供通信介质和连接的机械、电气、功能和规程等特性，以便在数据链路实体间建立、维护和拆除物理连接。

机械特性：插头座的大小、形状和针的数目。

电气特性：电压值、逻辑电平及其他电气参数。

功能特性：规定每根线的功能及含义。

规程特性：规定各种事件按什么次序出现。

（1）典型接口标准：RS232C。

电气特性分为在数据线 TXD 和 RXD 上和控制线和状态线 RTS、CTS、DSR、DTR 和 DCD 上的表现。

在数据线 TXD 和 RXD 上：逻辑 1 = -3 ~ -15 V；逻辑 0 = +3 ~ +15 V。

在控制线和状态线 RTS、CTS、DSR、DTR 和 DCD 上：信号有效 = +3 ~ +15 V；信号无效 = -3 ~ -15 V。

因此 RS232C 与 TTL 逻辑电平是不同的。

由于 RS232C 电平和 TTL 逻辑电平是不一样的，因此如果它们间要通信的话，必须首先进行电平转换，这需要有分离元件电路和集成芯片电路，常用的集成芯片有 MC1488、MC1489 以及 MAX232，如图 3-2-12 ~ 图 3-2-14 所示。

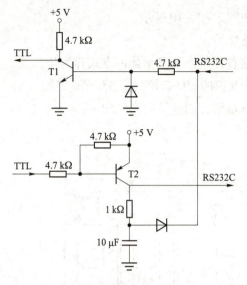

图3-2-12 分离元件电平转换电路

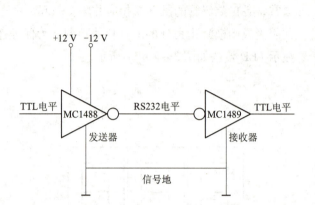

图3-2-13 MC1488/1489 转换电路

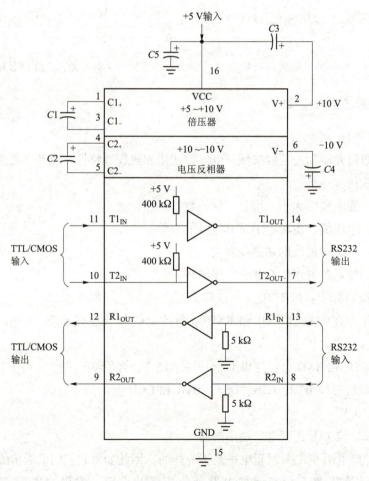

图3-2-14 MAX232 转换电路

(2) 常见的 RS232C 接口有 25 针和 9 针,其接口形式如图 3-2-15 所示。

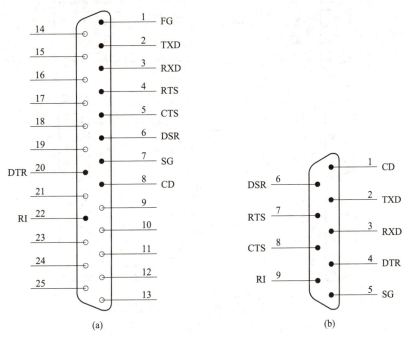

图 3-2-15 RS232C 接口

(a) 25 针 RS232C 接口; (b) 9 针 RS232C 接口

(3) RS232C 功能引脚定义如表 3-2-2 所示。

表 3-2-2 RS232C 功能引脚定义

9 针串口 (DB9)			25 针串口 (DB25)		
针号	功能说明	缩写	针号	功能说明	缩写
1	数据载波检测	DCD	8	数据载波检测	DCD
2	发送数据	TXD	3	接收数据	RXD
3	接收数据	RXD	2	发送数据	TXD
4	数据终端准备	DTR	20	数据终端准备	DTR
5	信号地	GND	7	信号地	GND
6	数据设备准备好	DSR	6	数据设备准备好	DSR
7	请求发送	RTS	4	请求发送	RTS
8	清除发送	CTS	5	清除发送	CTS
9	振铃指示	DELL	22	振铃指示	DELL

RS232 常见连接方式如图 3-2-16 所示,有简单连接和完全连接,其中简单连接由于接线简单快捷,在实际中应用较为广泛。

2) 链路层协议

通过差错检测与恢复等措施将直接连接的两个节点间可能出错的物理连接改成无差错的数据链路,主要包括异步串行数据链路协议、同步数据链路控制及高级数据链路控制协议等。

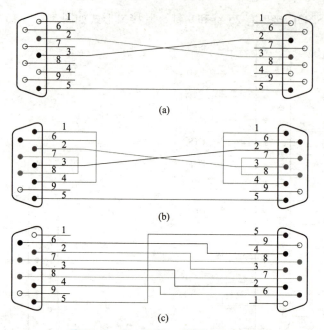

图 3-2-16　RS232 常见连接方式

（a）最简连接；（b）最简连接；（c）完全连接

常见的数据通信方式，如图 3-2-17 所示。

串行通信：每个时刻只传送 1 位数据，速度慢，但硬件要求低，比较适合远距离数据传输。

并行通信：2 个设备之间同时传送多位数据，它的传送速度快，但对硬件要求高。

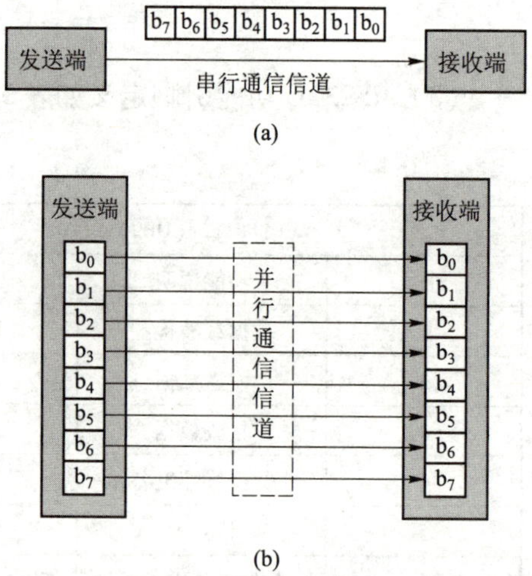

4. 异步传输接口和同步传输接口

在数据的串行传输中，介质一次传送 1 位数据。这时，发送器和接收器对这些数据必须有相同的时序安排（如信号速度、信号宽度等），即接收方必须知道它所接收的每位的开始时间和结束时间。用来控制时序的常用技术有异步传输和同步传输。这里的定时多用波特率表示。

1）异步串行接口通信方式（图 3-2-18）

异步通信是指以字符为单位传送数据，用起始位和停止位标识每个字符的开始和结束字符，两次传送时间间隔不固定。

图 3-2-17　常见的数据通信方式

（a）串行通信；（b）并行通信

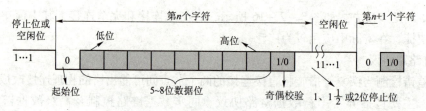

图 3-2-18　异步串行接口通信方式

2) 同步串行接口通信方式（图 3-2-19）

采用同步传送，在数据块开始处要用同步字符来指示，并在发送端和接收端之间用时钟来实现同步，即为加快传输，去掉异步通信时的那些标志位，而采用同步字符表示。

图 3-2-19　同步串行接口通信方式

任务实施

认知发那科 0i-D 系列 CNC 接口，其中发那科 0i-D 背面接口如图 3-2-20 所示，发那科 0i-D 背面实物如图 3-2-21 所示。

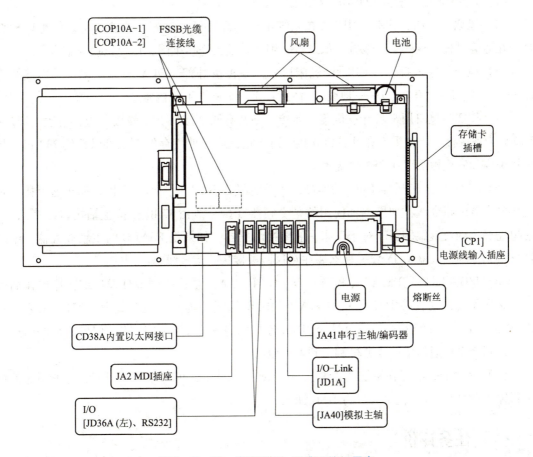

图 3-2-20　发那科 0i-D 背面接口示意

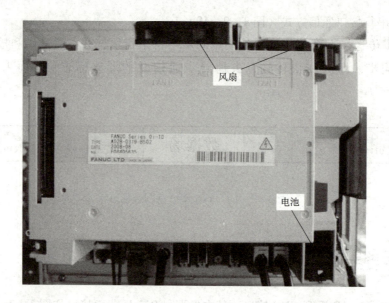

图 3-2-21　发那科 0i-D 背面实物

（1）FSSB 光缆一般接 COP10A 左边插口。

（2）风扇、电池、软键、MDI 等在系统出厂时都已经连接好，不要改动，但可以检查是否在运输过程中有松动的地方。如果有，则需要重新连接牢固，以免出现异常现象。

（3）电源线输入插座［CP1］，机床厂家需要提供外部 +24 V 直流电源。具体接线为（1——24 V，2——0 V，3——地线），注意：正、负极性不要搞错。

（4）RS232 接口用来与计算机接口连接，一共有两个接口。一般接左边，右边（232-2 口）为备用接口。如果不和计算机连接，可不接此线（使用存储卡就可以替代 232 口，且传输速度和安全性都要比 232 口优越）。

（5）串行主轴/编码器 JA41 的连接，如果使用 FANUC 的主轴放大器，那么这个接口是连接放大器的指令线；如果主轴使用的是变频器（指令线由 JA40 模拟主轴接口连接），则这里连接主轴位置编码器。对于车床一般要接编码器，如果是 FANUC 的主轴放大器，编码器连接到主轴放大器的 JYA2，那么要注意这两种接法的信号线是不同的。

（6）I/O-Link［JD51A］（相当于 0i-C 的 JD1A）是连接到 I/O 模块或机床操作面板的，必须连接，注意必须按照从 JD51A 到 JD1B 的顺序连接，也就是从 JD51A 出来，到 JD1B 止，下一个 I/O 设备也是从这个 JD1A 连接到另一个 I/O 的 JD1B。如果不是按照这个顺序，则会出现通信错误或者检测不到 I/O 设备。

（7）存储卡插槽（在系统的正面），用于连接存储卡，可对参数、程序、梯形图等数据进行输入/输出操作，也可以进行 DNC 加工。

任务评价

根据任务完成过程中的表现，填写表 3-2-3。

表 3-2-3 任务评价

项目	评价要素	评价标准	自我评价	小组评价	综合评价
知识准备	资料准备	参与资料收集、整理,自主学习			
	计划制订	能初步制订计划			
	小组分工	分工合理,协调有序			
任务过程	FSSB 接口认知	操作正确,熟练程度			
	JD1A 接口认知	操作正确,熟练程度			
	JA40 接口认知	操作正确,熟练程度			
	CP1 接口认知	操作正确,熟练程度			
	232 接口认知	操作正确,熟练程度			
拓展能力	知识迁移	能实现前后知识的迁移			
	应变能力	能举一反三,提出改进建议或方案			
学习态度	主动程度	自主学习主动性强			
	合作意识	协作学习能与同伴团结合作			
	严谨细致	仔细认真,不出差错			
	问题研究	能在实践中发现问题,并用理论知识解决实践中的问题			
	安全规程	遵守操作规程,安全操作			

任务拓展

840D 系统的接口简介

840D 系统的 MMC、HHU、MCP 都通过一根 MPI 电缆挂在 NCU 上面,MPI 是西门子 PLC 的一个多点通信协议,因而该协议具有开放性,而 OPI 是 840D 系统针对 NC 部分的部件的一个特殊的通信协议,是 MPI 的一个特例,不具有开放性,它比传统的 MPI 通信速度快,MPI 的通信速度是 187.5 KB 波特率,而 OPI 是 1.5 MB。NCU 上面除了一个 OPI 端口外,还有一个 MPI,一个 Profibus 接口,Profibus 接口可以接所有的具有 Profibus 通信能力的设备。Profibus 的通信电缆和 MPI 的电缆一样,都是一根双芯的屏蔽电缆。840D 系统接口如图 3-2-22 和图 3-2-23 所示。

在 MPI、OPI 和 Profibus 的通信电缆两端都要接终端电阻,阻值是 220 Ω,所以要检测电缆的好坏情况,可以在 NCU 端打开插座的封盖,测量 A、B 两线间的电阻。在正常情况下,它应该为 110 Ω。

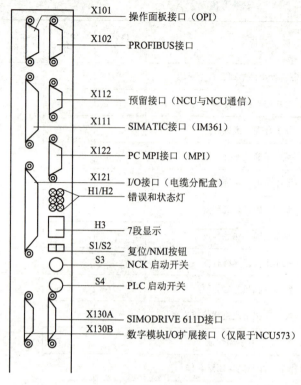

图 3-2-22 840D 系统接口 1

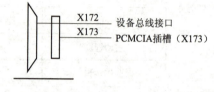

图 3-2-23 840D 系统接口 2

任务三　CNC 装置连接安装

 任务描述

了解 CNC 装置的连接安装常用工具及其原理，要掌握 CNC 装置连接安装注意事项，保证连接安装过程中无违规操作。

 知识链接

一、安装连接常用工具

1. 剥线钳

剥线钳是内线电工、电动机修理、仪器仪表电工常用的工具之一，用来供电工剥除电线头部的表面绝缘层。剥线钳可以使得电线被切断的绝缘皮与电线分开，还可以防止触电。

项目三　CNC装置电气装调

图 3-3-1 所示为剥线钳的结构。当握紧剥线钳手柄使其工作时，图中弹簧首先被压缩，使得夹紧机构夹紧电线。而此时由于扭簧 1 的作用，剪切机构不会运动；当夹紧机构完全夹紧电线时，扭簧 1 所受的作用力逐渐变大，使扭簧 1 开始变形，于是剪切机构开始工作。而此时扭簧 2 所受的力还不足以使夹紧机构与剪切机构分开，剪切机构完全将电线皮切开后，剪切机构被夹紧。此时扭簧 2 所受作用力增大，当扭簧 2 所受作用力达到一定程度时，扭簧 2 开始变形，夹紧机构与剪切机构分开，使电线被切断的绝缘皮与电线分开，从而达到剥线的目的。

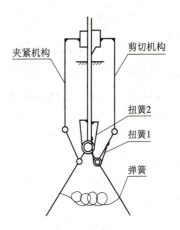

图 3-3-1　剥线钳的结构

（1）剥线方法。

① 将准备好的电缆放置在剥线工具的刀刃中间，选择好要剥线的长度。

② 握住剥线工具手柄，将电缆夹住，缓缓用力使电缆外表皮慢慢剥落。

③ 松开工具手柄，取出电缆线，这时电缆金属整齐露在外面，其余绝缘塑料完好无损。

（2）使用要点。

① 根据缆线的粗细型号，选择相应的剥线刀口。

② 将准备好的电缆放在剥线工具的刀刃中间，选择好要剥线的长度。

③ 握住剥线工具手柄，将电缆夹住，缓缓用力使电缆外表皮慢慢剥落。

④ 松开工具手柄，取出电缆线，这时电缆金属整齐露在外面，其余绝缘塑料完好无损。

⑤ 要根据导线直径，选用剥线钳刀片的孔径。

（3）常见剥线钳如图 3-3-2 所示。

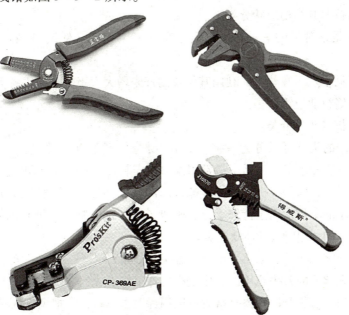

图 3-3-2　常见剥线钳

2. 螺丝刀

螺丝刀是一种用来拧转螺钉以迫使其就位的工具，通常有一个薄楔形头，可插入螺钉头的槽缝或凹口内——京津冀鲁晋和陕西陕北及豫北方言称其为"改锥"，豫北更多的叫法是螺丝刀，江西、安徽和湖北、河南黄河以南地区、陕西关中等地称其为"起子"，中西部地区称其为"改刀"，长三角地区称其为"旋凿"。

主要有一字（负号）和十字（正号）两种。常见的还有六角螺丝刀，包括内六角和外六角两种。

螺丝刀用来撬油漆盖时利用了杠杆的工作原理，动力点到支点距离越大越省力，所以长改锥比短改锥更省力。螺丝刀用来拧螺钉时利用了轮轴的工作原理，轮轴越大越省力，所以使用粗把的改锥比使用细把的改锥拧螺钉更省力。

1）分类

（1）螺丝刀按功能分类。

① 普通螺丝刀：就是头柄造在一起的螺丝批，容易准备，只要拿出来就可以使用，但由于螺丝有很多种不同长度和粗度，有时需要准备很多支不同的螺丝批。

② 组合型螺丝刀：用一种把螺丝批头和柄分开的螺丝批安装不同类型的螺钉时，只需把螺丝批头换掉就可以，不需要准备大量螺丝批。好处是可以节省空间，但缺点是容易遗失螺丝批头。

③ 电动螺丝刀：电动螺丝批，顾名思义，就是以电动马达代替人手安装和移除螺钉，通常是组合螺丝批。

④ 钟表螺丝刀：属于精密螺丝刀，常用在修理手带型钟表，故有此一称。

⑤ 小金刚螺丝刀：头柄及身长尺寸比一般常用的螺丝刀小，非钟表螺丝刀。

（2）螺丝刀按照其结构形状分类。

① 直形：这是最常见的一种。头部型号有一字、十字、米字、T形（梅花型）、H形（六角）等。

② L形：多见于六角螺丝刀，利用其较长的杆来增大力矩，从而更省力。

③ T形：汽修行业应用较多。

（3）螺丝刀按其头型分类。

螺丝刀按不同的头型可以分为一字、十字、米字、星形（计算机）、方头、六角头、Y形头部等，其中一字和十字是生活中最常用的，在安装、维修时经常用到。六角头使用量较少，常用内六角扳手，像一些机器上好多螺钉都带内六角孔，方便多角度使力。星形的大的看到的也不多，小的星形常用于拆修手机、硬盘、笔记本电脑等，把小的螺丝刀叫钟表批，常用星形 T6、T8、十字 PH0、PH00 这类。

头部表示：一字、十字、米字、星形、方头、六角。

质量上乘的螺丝刀的刀头是用硬度比较高的弹簧钢做成的。好的螺丝刀应该做到硬而不脆，硬中有韧。当螺钉头开口变秃打滑时可以用锤敲击螺丝刀，把螺钉的槽剔得深一些，便于将螺钉拧下，螺丝刀毫发无损；螺丝刀常常被用来撬东西，所以要求其有一定的韧性，不弯不折。总的来说，希望螺丝刀头部的硬度大于 HRC60，不易生锈。

2）使用方法

将螺丝刀拥有特定形状的端头对准螺钉的顶部凹坑，固定，然后开始旋转手柄。

根据规格标准，顺时针方向旋转为嵌紧，逆时针方向旋转为松出（在极少数情况下是相反的）。一字螺丝批可以应用于十字螺钉，但十字螺钉拥有较强的抗变形能力。

3）维护措施

（1）对螺丝刀的刀刃必须进行正确的磨削，刀刃的两边要尽量平行。如果刀刃呈锥形，则当转动螺丝刀时，刀刃极易滑出螺钉槽口。

（2）螺丝刀的头部不要被磨得太薄，或被磨成方形。

（3）在砂轮上磨削螺丝刀时要特别小心，它会因为过热而使锋口变软。在磨削时，要戴上护目镜。

4）常见螺丝刀

常见螺丝刀如图 3-3-3 所示。

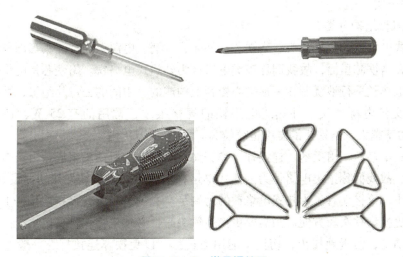

图 3-3-3　常见螺丝刀

3. 电烙铁

电烙铁是电子制作和电器维修的必备工具，主要用途是焊接元件及导线，按机械结构可分为内热式电烙铁和外热式电烙铁，按功能可分为无吸锡式电烙铁和吸锡式电烙铁，根据用途不同又分为大功率电烙铁和小功率电烙铁。

1）使用说明

若电烙铁选择不当，在焊接过程中很容易发生人为故障，如虚焊、短路甚至焊坏电路板，所以要尽可能选用高档一些的电烙铁，如用恒温调温防静电电烙铁。另外，一些大器件如屏蔽罩的焊接，要采用大功率电烙铁，所以还要准备一把普通的 60 W 以上的粗头电烙铁。

2）使用方法

（1）选用合适的焊锡，应选用焊接电子元件用的低熔点焊锡丝。

（2）助焊剂，将 25% 的松香溶解在 75% 的酒精（质量比）中作为助焊剂。

（3）电烙铁使用前要上锡，具体方法是：将电烙铁烧热，待刚刚能熔化焊锡时，涂上助焊剂，再将焊锡均匀地涂在烙铁头上，使烙铁头均匀地吃上一层锡。

（4）焊接方法，把焊盘和元件的引脚用细砂纸打磨干净，涂上助焊剂。用烙铁头蘸取适量焊锡，接触焊点，待焊点上的焊锡全部熔化并浸没元件引线头后，电烙铁头沿着元器件的引脚轻轻往上一提离开焊点。

（5）焊接时间不宜过长，否则容易烫坏元件，必要时可用镊子夹住管脚帮助散热。

（6）焊点应呈正弦波峰形状，表面应光亮圆滑，无锡刺，锡量适中。

（7）焊接完成后，要用酒精把电路板上残余的助焊剂清洗干净，以防炭化后的助焊剂影响电路正常工作。

（8）集成电路应最后焊接，电烙铁要可靠接地，或断电后利用余热焊接。或者使用集成电路专用插座，焊好插座后再把集成电路插上去。

（9）电烙铁应放在烙铁架上。

3）规格分类

（1）按机械结构分类。

①外热式电烙铁：由烙铁头、烙铁芯、外壳、木柄、电源引线、插头等部分组成。由于烙铁头安装在烙铁芯里面，故我们称该类电烙铁为外热式电烙铁。烙铁芯是电烙铁的关键部件，它是将电热丝平行地绕制在一根空心瓷管上构成的，中间的云母片绝缘，并引出两根导线与220 V交流电源连接。外热式电烙铁的规格很多，常用的有25 W、45 W、75 W、100 W等，功率越大，烙铁头的温度也就越高。

②内热式电烙铁：由手柄、连接杆、弹簧夹、烙铁芯、烙铁头组成。由于烙铁芯安装在烙铁头里面，故我们称该类电烙铁为内热式电烙铁。内热式电烙铁发热快，发热效率较高，且其体积较小、价格便宜。内热式电烙铁的后端是空心的，用于套接在连接杆上，并且用弹簧夹固定，更换烙铁头较方便。当需要更换烙铁头时，必须先将弹簧夹退出，同时用钳子夹住烙铁头的前端，慢慢地拔出，切记不能用力过猛，以免损坏连接杆。一般电子制作都用35 W左右的内热式电烙铁。当然有一把50 W的外热式电烙铁能够有备无患。由于它的热效率高，20 W内热式电烙铁就相当于40 W左右的外热式电烙铁。市场上常见的普通内热和无铅长寿命内热电烙铁，功率有20 W、25 W、35 W、50 W等，其中35 W、50 W是最常用的。

（2）按温度控制分类。

①恒温式电烙铁：由于恒温式电烙铁头内装有带磁铁的温度控制器，所以可控制通电时间而实现温控，即给电烙铁通电时，烙铁的温度上升，当达到预定的温度时，因强磁体传感器达到了居里点而磁性消失，从而使磁芯触点断开，停止向电烙铁供电；当温度低于强磁体传感器的居里点时，强磁体便恢复磁性，并吸动磁芯开关中的永久磁铁，使控制开关的触点接通，继续向电烙铁供电。如此循环往复，便达到了控制温度的目的。恒温式电烙铁的种类较多，烙铁芯一般采用PTC元件。此类型的烙铁头不仅能恒温，而且可以防静电、防感应电，能直接焊CMOS器件。高档的恒温式电烙铁附加的控制装置上带有烙铁头温度的数字显示（简称数显）装置，显示温度最高达400 ℃。烙铁头带有温度传感器，在控制器上可由人工改变焊接时的温度。若改变恒温点，烙铁头很快就可达到新的设置温度。无绳式电烙铁

是一种新型恒温式焊接工具,由无绳式电烙铁单元和红外线恒温焊台单元两部分组成,可实现 220 V 电源电能转换为热能的无线传输。烙铁单元组件中有温度高低调节旋钮,在 160～400 ℃ 连续可调,并有温度高低挡格指示。另外,还设计了自动恒温电子电路,可根据用户设置的使用温度自动恒温,误差范围为 3 ℃。

②调温式电烙铁:调温式电烙铁附加有一个功率控制器,使用时可以改变供电的输入功率,可调温度范围为 100～400 ℃。调温式电烙铁的最大功率是 60 W,配用的烙铁头为铜镀铁烙铁头(俗称长寿头)。

③双温式电烙铁:双温式电烙铁为手枪式结构,在电烙铁手柄上附有一个功率转换开关。开关分两位:一位是 20 W;另一位是 80 W。只要转换开关的位置,即可改变电烙铁的发热量。

(3) 按功能分类:吸锡式电烙铁是将活塞式吸锡器与电烙铁融为一体的拆焊工具。它具有使用方便、灵活、适用范围宽等特点。这种吸锡式电烙铁的不足之处是每次只能对一个焊点进行拆焊。吸锡式电烙铁自带电源,适合于拆卸整个集成电路,且速度要求不高的场合。其吸锡嘴、发热管、密封圈所用的材料决定了烙铁头的耐用性。

4) 电烙铁焊前技术处理

焊接前,应对元器件引脚或电路板的焊接部位进行焊接处理,一般有"刮""镀""测"三个步骤。

(1) 刮:"刮"就是在焊接前做好焊接部位的清洁工作。一般采用的工具是小刀和细砂纸,对集成电路的引脚、印制电路板进行清理,保持引脚清洁。对于自制的印制电路板,应首先用细砂纸将铜箔表面擦亮,并清理印制电路板上的污垢,再涂上松香酒精溶液、助焊剂或"HP-1",方可使用。对于镀金银的合金引出线,不能把镀层刮掉,可用橡皮擦去除表面脏物。

(2) 镀:"镀"就是在刮净的元器件部位上镀锡。具体做法是蘸取松香酒精溶液并将其涂在刮净的元器件焊接部位上,再将带锡的热烙铁头压在其上,转动元器件,使其均匀地镀上一层很薄的锡层。若是多股金属丝的导线,打光后应先拧在一起,然后再镀锡。

在"刮"完的元器件引线上应立即涂上少量的助焊剂,然后用电烙铁在引线上镀一层很薄的锡层,避免其表面重新氧化,以提高元器件的可焊性。

(3) 测:"测"就是在"镀"之后,利用万用表检测所有镀锡的元器件是否质量可靠,若有质量不可靠或已损坏的元器件,则用同规格元器件替换。

5) 焊接技术

做好焊前处理之后,就可采用合适的焊接方法正式进行焊接了。

不同的焊接对象需要的电烙铁工作温度也不相同。判断烙铁头的温度时,可将电烙铁碰触松香,若烙铁碰到松香时,有"吱吱"的声音,则说明温度合适;若没有声音,但能使松香勉强熔化,则说明温度低;若烙铁头一碰上松香就大量冒烟,则说明温度太高。

一般来讲,焊接的步骤主要有四步:

(1) 烙铁头上先熔化少量的焊锡和松香,将烙铁头和焊锡丝同时对准焊点。

(2) 在烙铁头上的助焊剂尚未挥发完时,将烙铁头和焊锡丝同时接触焊点,开始熔化焊锡。

（3）焊锡浸润整个焊点后，同时移开烙铁头和焊锡丝或先移开焊锡丝，待焊点饱满漂亮之后再移开烙铁头。

（4）焊接过程一般以 2~3 s 为宜。焊接集成电路时，要严格控制焊料和助焊剂的用量。为了避免因电烙铁绝缘不良或内部发热器对外壳感应电压损坏集成电路，实际应用中常采用拔下电烙铁的电源插头，趁热焊接的方法。

6）焊接质量

焊接时，应保证每个焊点焊接牢固，接触良好。锡点应光亮、圆滑无毛刺，锡量适中。锡和被焊物熔合牢固，不应有虚焊和假焊。虚焊是指焊点处只有少量锡焊住，造成接触不良，时通时断。假焊是指表面上好像焊上了，但实际上并没有焊上，有时用手一拔，引线就可以从焊点中拔出。

7）焊接材料

对于不易焊接的材料，应采用先镀后焊的方法。例如，对于不易焊接的铝质零件，可先给其表面镀上一层铜或者银，然后再进行焊接。具体做法是，先将一些 $CuSO_4$（硫酸铜）或 $AgNO_3$（硝酸银）加水配制成浓度为 20% 左右的溶液；再把吸有上述溶液的棉球置于用细砂纸打磨光滑的铝件上面，也可将铝件直接浸于溶液中。由于溶液里的铜离子或银离子与铝发生置换反应，大约 20 min 后，在铝件表面便会析出一层薄薄的金属铜或者银。用海绵将铝件上的溶液吸干净，置于灯下烘烤至表面完全干燥。完成以上工作后，在其上涂上有松香的酒精溶液，便可直接焊接。

注意，该法同样适用于铁件及某些不易焊接的合金。溶液用后应盖好并置于阴凉处保存。当溶液浓度随着使用次数的增加而不断下降时，应重新配制。溶液具有一定的腐蚀性，应尽量避免与皮肤或其他物品接触。

8）常见电烙铁

常见电烙铁如图 3-3-4 所示。

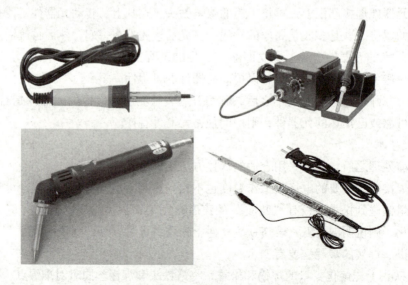

图 3-3-4　常见电烙铁

4. 压接钳

压接钳又叫压接机,压接钳是电力行业在线路基本建设施工和线路维修中进行导线接续压接的必要工具。

1)操作方法

(1)清洁接触面:在接线端子与导线插装之前,将剥开的线芯和接线端子仔细清理干净,使裸露导线光洁,无非导电物和异物,接线端子内部清洁。检验方法为目测。

(2)将线芯插入接线端子套:将剥开的线芯插入接线端子套时,要将所有的线芯全部插入端子套中。检验方法为目测。

(3)接线端子冷压接:将导线端子压接到导线上,需要专用压接钳压接。导线的截面要与接线端子的规格相符,压接钳的钳口要与导线截面相符,压接钳必须在有限期内。压接部位在接线端子套的中部,压接部位要求正确。采用 V 形钳口压接时,应使压痕在接线端子套的下部,压接部位要求正确。

使用无限位装置的压接工具时必须把工具手柄压到底,以达到要求的机械性能。把 6.6 mm^2 及以上管状端子、接线端子压接完毕插入弹簧端子时,将管状端子截面大的一面与弹簧铜片相接触,使大截面朝向接线端子中心处。

2)技术要求

剥去导线(电缆)绝缘层时,不得损坏线芯,并使导线线芯金属裸露。绝缘层剥去的长度应符合要求,使用笼式端子免接线端子时,绝缘层剥去的长度应符合相关的规定。

不知道非正面接线及其他笼式弹簧接线的剥线长度时,先把专用螺丝刀插入接线端子的工艺方孔中,使接线端子弹簧孔张开,把电线插到接线端子圆孔最深处(遇到阻力为止),取出专用螺丝刀,插入专用螺丝刀,取出导线,此时导线压痕距离导线端头的长度即该接线端子端线长度。

3)检验方法

采用笼式端子接线时,应保证导线绝缘层进入端子的圆孔中:4 mm^2 及以下导线的绝缘外皮要求进去 3~5 mm,6~10 mm^2 导线的绝缘外皮要求进去 5~7 mm。使用卷尺目测。非正面接线及其他笼式弹簧接线要求剥线长度正确。使用卷尺目测。

4)导线标记(线号)的安装

(1)使用热缩管作为导线标记时,在压接前先将导线标记套在导线上,然后进行压接工作,且热缩管不得套在接线端子的平面上,采用笼式弹簧端子时热缩管应套在距离剥去绝缘层 10 mm 处。导线标记的套入,一律为标记数字或者字母顺导线轴向方向套入。标记在水平位置时,数字或者字母应正置(对操作人),数字个位数(最后一位)应远离接线端子。要求标记均匀清晰、方向正确。

(2)使用热缩管作为导线标记(线号)时,应使用专门加热装置加热,使导线标记均匀包在接线端子和导线上。要求标记均匀清晰、方向正确。

(3)导线标记颜色,交流主回路为黄色、绿色和红色。控制回路为白色,N 线为浅蓝色,直流部分正极为棕色、负极为蓝色。其他特殊要求参照 TB/T 1759—2003《铁道客车配线布线规则》。导线标记热缩后字高应不小于 2.5 mm,导线标记热缩后的长度应符合要求。

5)接线端子压接检验

(1)按导线截面使用对应的、合适的接线端子,要求对应的规格完全相同。

（2）剥去导线绝缘层的长度符合规定，要求长度正确。

（3）导线的所有金属丝完全包在接线端子内，要求无散落铜丝。

（4）压接部位符合规定，要求压接部位正确。

（5）压接后的强度检验依据 TB/T 1507—1993 标准中关于抗拉强度试验的强度，按照相关规定执行，用经过校准的 TLS-S2000A 弹簧拉压试验机来检定压接的质量。

6）压接工具的检验

压接工具必须以满足相关规定的固着强度为要求，每三个月检定一次，符合要求的工具应具有显示其在有效期内的标签。

7）常见压接钳（图3-3-5）

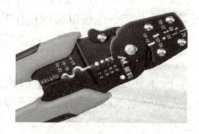

图3-3-5　常见压接钳

二、数控系统连接安装注意事项

数控系统信号电缆的连接包括数控装置与 MDI/CRT 单元、电气柜、机床控制面板、主轴伺服单元、进给伺服单元、检测装置反馈信号线的连接等，这些连接必须符合随机提供的连接手册的规定。

（1）数控机床地线的连接十分重要，良好的接地不仅对设备和人身的安全十分重要，同时能减少电气干扰，保证机床的正常运行。地线一般采用辐射式接地法，即将数控系统电气柜中的信号地、框架地、机床地等连接到公共接地点上，公共接地点再与大地相连。数控系统电气柜与强电柜之间的接地电缆要足够粗。

（2）在机床通电前，根据电路图及各模块的电路连接，依次检查线路和各元器件的连接。重点检查变压器的初次级，开关电源的接线，继电器、接触器的线圈和触点的接线位置等。

（3）在断电情况下进行如下检测：三相电源对地电阻测量、相间电阻的测量；单相电源对地电阻的测量；24 V 直流电源的对地电阻，两极电阻的测量。如果发现问题，在解决之前，严禁机床通电试验。常规检验项目有以下几种：

① 输入电压、频率以及相序的确定。基础工作是先确认变压器的容量是否满足控制单元与伺服系统的电耗，然后检查电压波动是否在允许范围内，对采用晶体管控制的元件的速度控制单元与主轴控制系统的供电电流，一定要严格检查相序，否则会使熔断丝熔断。

② 确认数控系统各参数设定，数控机床工作室能否处于最佳状态，参数的设定是必要条件，即使同一类机床、同一个型号，其参数随机床也是有差异的，调整完机床参数，使机床达到工作最佳状态后，应及时拷贝参数，以备日后使用。

③ 数控机床接口处检测。现代数控机床的数控系统都有自诊断功能，在显示器CRT画

面上可以显示数控系统与机床可编程控制器各种状态信号，用户可以根据厂家提供的说明书和设备清单检查各个接口状态、连接是否正确等。

④ 特别要说明的是，如果引进国外进口设备，还需要注意数控系统电源的连接。因为许多国家的电压等级与我国不同，电源变压器与伺服变压器的同组抽头连接一定要匹配，否则会造成系统工作不正常。

三、数控系统的使用检查

为了避免数控系统在使用过程中发生一些不必要的故障，数控机床的操作人员在操作使用数控系统以前，应当仔细阅读有关操作说明书，要详细了解所用数控系统的性能，要熟练掌握数控系统和机床操作面板上各个按键、按钮和开关的作用以及使用注意事项。一般来说，数控系统在通电前后要进行检查。

（1）数控系统在通电前的检查是为了确保数控系统正常工作，数控机床在第一次安装调试或者是在机床搬运后第一次通电运行之前，需要按照下述顺序检查数控系统：

① 确认交流电源的规格是否符合 CNC 装置的要求，主要检查交流电源的电压、频率和容量。

② 认真检查 CNC 装置与外界之间的全部连接电缆是否按随机提供的连接技术手册的规定正确而可靠地连接。数控系统的连接是指针对数控装置及其配套的进给和主轴伺服驱动单元而进行的，主要包括外部电缆的连接和数控系统电源的连接。在连接前要认真检查数控系统装置与 MDI/CRT 单元、位置显示单元、纸带阅读机、电源单元、各印制电路板和伺服单元等，如发现问题，应及时采取措施；同时要注意检查连接中的连接件和各个印制电路板是否紧固、是否插入到位，各个插头有无松动，紧固螺钉是否拧紧，因为由于接触不良而引起的故障最为常见。

③ 确认 CNC 装置内的各种印制电路板上的硬件设定是否符合 CNC 装置的要求。这些硬件设定包括各种短路棒设定和可调电位器。

④ 认真检查数控机床的保护接地线。数控机床要有良好的地线，以保证设备、人身安全和减少电气干扰，伺服单元、伺服变压器和强电柜之间都要连接保护接地线。

只有经过上述各项检查，确认无误后，CNC 装置才能投入通电运行。

（2）数控系统在通电后的检查。

① 首先要检查数控装置中各个风扇是否正常运转，否则会影响到数控装置的散热问题。

② 确认各个印制电路或模块上的直流电源是否正常，是否在允许的波动范围之内。

③ 进一步确认 CNC 装置的各种参数，包括系统参数、PLC 参数、伺服装置的数字设定等，这些参数应符合随机所带的说明书要求。

④ 当数控装置与机床联机通电时，应在接通电源的同时做好按压紧急停止按钮的准备，以备出现紧急情况时随时切断电源。

⑤ 在手动状态下，低速进给移动各个轴，并且注意观察机床移动方向和坐标值显示是否正确。

⑥ 进行几次返回机床基准点的动作，这是用来检查数控机床是否有返回基准点的功能，以及每次返回基准点的位置是否完全一致。

⑦ CNC 系统的功能测试。按照数控机床数控系统的使用说明书，用手动或者编制数控

程序的方法来测试 CNC 系统应具备的功能。例如，快速点定位、直线插补、圆弧插补、刀径补偿、刀长补偿、固定循环、用户宏程序等功能以及 M、S、T 辅助机能。

只有通过上述各项检查，确认无误后，CNC 装置才能正式运行。

 任务实施

认知 FANUC 0*i* – D/0*i* Mate – D 系统电气连接。其中，FANUC 0*i* – D/0*i* Mate – D 控制单元结构正面如图 3 – 3 – 6 所示；FANUC 0*i* – D/0*i* Mate – D 控制单元结构反面如图 3 – 3 – 7 所示；FANUC 0*i* – D/0*i* Mate – D 系统接口如图 3 – 3 – 8 所示；FANUC 0*i* – D/0*i* Mate – D 系统各端子的功能如表 3 – 3 – 1 所示。

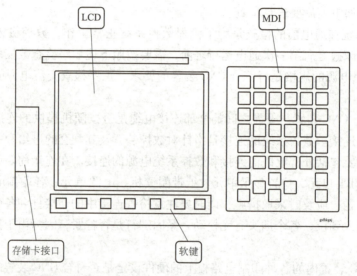

图 3 – 3 – 6　FANUC 0*i* – D/0*i* Mate – D 控制单元结构正面

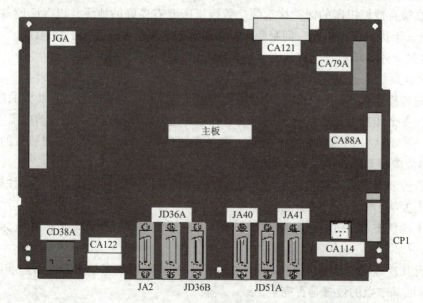

图 3 – 3 – 7　FANUC 0*i* – D/0*i* Mate – D 控制单元结构反面

项目三　CNC装置电气装调

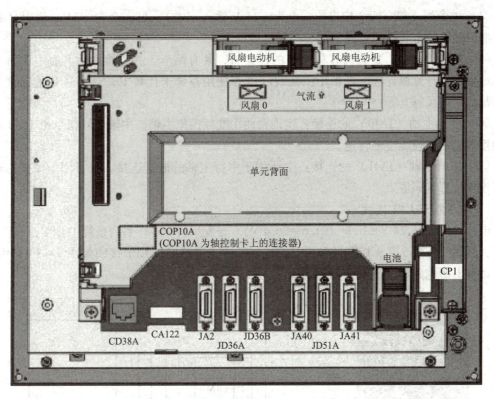

图 3-3-8　FANUC 0*i*-D/0*i* Mate-D 系统接口

表 3-3-1　FANUC 0*i*-D/0*i* Mate-D 系统各端子的功能

端口号	用　途
COP10A	伺服 FSSB 总线接口，此口为光缆口
CD38A	以太网接口
CA122	系统软键信号接口
JA2	系统 MDI 键盘接口
JD36A/JD36B	RS232C 串行接口 1/2
JA40	模拟主轴信号接口/高速跳转信号接口
JD51A	I/O-Link 总线接口
JA41	串行主轴接口（到驱动器 JA7B）/主轴独立编码器接口（模拟主轴）
CP1	系统电源输入（DC 24 V）

数控系统接口说明：

（1）FSSB 光缆连接线，一般接左边插口（若有两个接口），系统总是从 COP10A 到 COP10B，本系统由左边 COP10A 连接到第一轴驱动器的 COP10B。

（2）风扇、电池、软键、MDI 等在系统出厂时均已连接好，不用改动，但要检查在运输的过程中是否有地方松动，如果有，则需要重新连接牢固，以免出现异常现象。

（3）伺服检测口 [CA69]，不需要连接。

（4）电源线一般有两个接口：一个为+24 V 输入（左）；另一个为+24 V 输出（右），每根电源线有三个管脚，电源的正、负不能接反。

（5）RS232 接口，是与计算机通信的连接口，共有两个，一般接左边，右边为备用接口，如果不与计算机连接，则不用接此线（推荐使用存储卡代替 RS232 口，传输速度及安全性都比串口优越）。

（6）模拟主轴（JA40）的连接：实训台使用变频模拟主轴，主轴信号指令由 JA40 模拟主轴接口引出，控制主轴转速。

（7）串行主轴（JA41）的连接：主要用于串行主轴的通信连接，也可用于模拟主轴情况下连接位置编码器。

1）电源接口 CP1 接线

电源要求：DC 24 V ±10%（21.6~26.4 V）。在发那科 $0i-D$ 系列系统中 CP1 是直流 4 V 输入，同时要安装 3.2 A 熔断丝和做好接地。其中，电源接口 CP1 接线如图 3-3-9 所示；数控系统电源电路如图 3-3-10 所示。

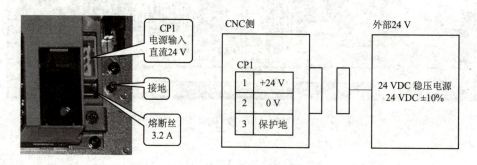

图 3-3-9　电源接口 CP1 接线

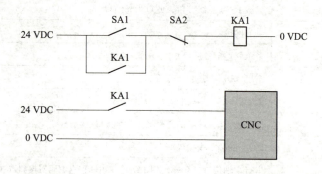

图 3-3-10　数控系统电源电路

2）通信接口 RS232C、JD36A、JD36B

通过 RS232 口与输入输出设备（计算机）等相连，用来将 CNC 程序、参数等各种信息，通过 RS232 电缆输入 NC 中，或从 NC 中输出给输入/输出设备的接口。RS232 接口还可以传输或监控梯形图、DNC 加工运行。其中，JD36A、JD36B 的连接如图 3-3-11 所示；JD36A、JD36B 引脚信号说明如表 3-3-2 所示；常见 RS232 线缆如图 3-3-12 所示；DB9 常用信号脚接口说明如表 3-3-3 所示；DB25 常用信号脚接口说明如表 3-3-4 所示。

项目三 CNC装置电气装调

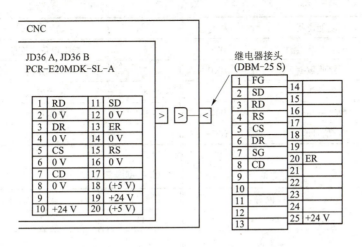

图 3-3-11 JD36A、JD36B 的连接

表 3-3-2 JD36A、JD36B 引脚信号说明

脚号	信号	信号说明	脚号	信号	信号说明
1	RD	接收数据	11	SD	发送数据
2	0 V	直流 0 V	12	0 V	
3	DR	数据设置准备好	13	ER	准备好
4	0 V		14	0 V	
5	CS	使能发送	15	RS	请求发送
6	0 V		16	0 V	
7	CD	检查数据	17		
8	0 V		18	(+5 V)	
9			19	+24 V	
10	+24 V	直流 24 V	20	(+5 V)	

注：发那科 RS232C 设备使用 +24 V 电源；没有标记信号名称的管脚不要连接任何线。

图 3-3-12 RS232 线缆

表3-3-3　DB9常用信号脚接口说明

针号	功能说明	缩写	针号	功能说明	缩写
1	数据载波检测	DCD	6	数据设备准备好	DSR
2	接收数据	RXD	7	请求发送	RTS
3	发送数据	TXD	8	清除发送	CTS
4	数据终端准备	DTR	9	振铃提示	DELL
5	信号地	GND			

表3-3-4　DB25常用信号脚接口说明

针号	功能说明	针号	功能说明
1	空	11	空
2	发送数据	12-17	空
3	接收数据	18	空
4	请求发送	19	空
5	清除发送	20	数据终端准备
6	数据设备准备好	21	空
7	信号地	22	振铃提示
8	载波检测	23	空
9	空	24	空
10	空	25	空

RS232通信接口使用注意事项：

① 禁止带电插拔数据线，插拔时至少有一端是断电的，否则极易损坏机床和PC的RS232接口。

② 使用台式机时一定要将PC外壳与机床地线连接，以防漏电烧坏机床串口。

③ 当传输不正常时，波特率可以设得低一些，如4 800 b/s，但要注意PC侧要与机床侧设置一致。

④ 机床侧与PC侧同时关机。

3) 模拟主轴控制信号接口JA40

JA40接口用于模拟主轴伺服单元或变频器模拟电压的给定。JA40引脚定义如图3-3-13所示，JA40插座引脚信号说明如表3-3-5所示。

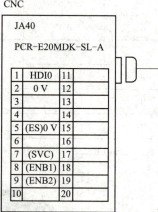

图3-3-13　JA40引脚定义

表3-3-5　JA40插座引脚信号说明

脚号	信号	信号说明	脚号	信号	信号说明
1			11		
2	0 V	直流0 V	12		
3			13		

续表

脚号	信号	信号说明	脚号	信号	信号说明
4			14		
5	ES	公共端	15		
6			16		
7	SVC	主轴指定电压	17		
8	ENB1	主轴使能信号	18		
9	ENB2	主轴使能信号	19		
10			20		

NC 与模拟主轴的连接：模拟主轴连接如图 3-3-14 所示，模拟主轴接线如图 3-3-15 所示。

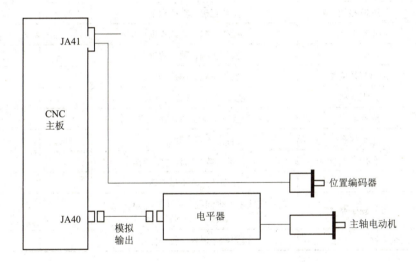

图 3-3-14　模拟主轴连接示意

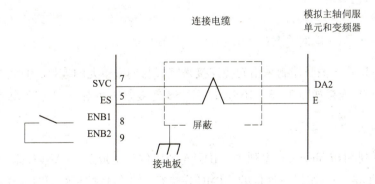

图 3-3-15　模拟主轴接线

注：① SVC 和 ES 为主轴指令电压和公共端，ENB1 和 ENB2 为主轴使能信号。
② 当主轴指令电压有效时，ENB1、ENB2 接通。当使用 FANUC 主轴伺服单元时，不使用这些信号。
③ 额定模拟电压输出如下：输出电压：(0～±10 V)；输出电流：2 mA（最大）；输出阻抗：100 Ω。

任务评价

根据任务完成过程中的表现，填写表3-3-6。

表3-3-6 任务评价

项目	评价要素	评价标准	自我评价	小组评价	综合评价
知识准备	资料准备	参与资料收集、整理，自主学习			
	计划制订	能初步制订计划			
	小组分工	分工合理，协调有序			
任务过程	JA41接线	操作正确，熟练程度			
	JA40接线	操作正确，熟练程度			
	DB25接线	操作正确，熟练程度			
	DB9接线	操作正确，熟练程度			
	JD36A/B接线	操作正确，熟练程度			
拓展能力	知识迁移	能实现前后知识的迁移			
	应变能力	能举一反三，提出改进建议或方案			
学习态度	主动程度	自主学习主动性强			
	合作意识	协作学习能与同伴团结合作			
	严谨细致	仔细认真，不出差错			
	问题研究	能在实践中发现问题，并用理论知识解决实践中的问题			
	安全规程	遵守操作规程，安全操作			

任务拓展

1. 认知发那科0i-D伺服FSSB总线接口COP10A

发那科0i-D系列伺服控制采用光缆连接来完成与伺服单元的连接，且连接均采用级连结构。其中，FSSB连接如图3-3-16所示；FSSB连接方法如图3-3-17所示。

2. I/O-Link接口JD51A

在0i-D系列和0i Mate-D系列中，JD51A插座位于主板上。FANUC系统的PMC是通过专用的I/O-Link与系统进行通信的，PMC在进行I/O信号控制的同时，还可以实现手轮与I/O-Link轴的控制，但外围的连接很简单，且很有规律，同样是从A到B，系统侧的JD51A（0i-C系统为JD1A）连接到I/O模块的JD1B。电缆总是从一个单元的JD1A连接到下一个单元的JD1B。尽管最后一个单元是空的，也无须连接一个终端插头。JA3或者JA58可以连接手轮。其中，JD51A的连接如图3-3-18所示。

项目三　CNC装置电气装调

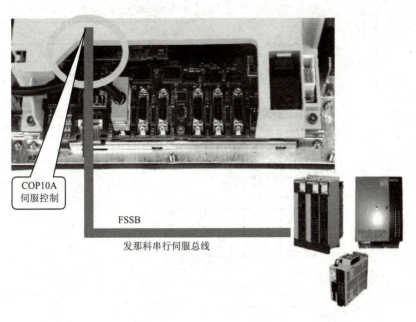

图 3-3-16　FSSB 连接

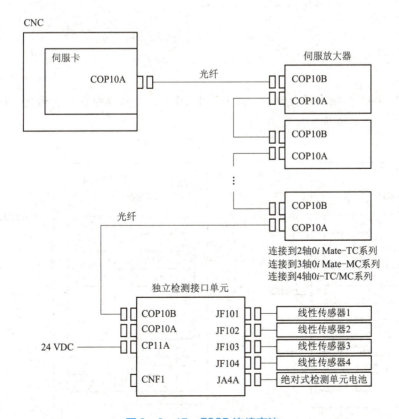

图 3-3-17　FSSB 连接方法

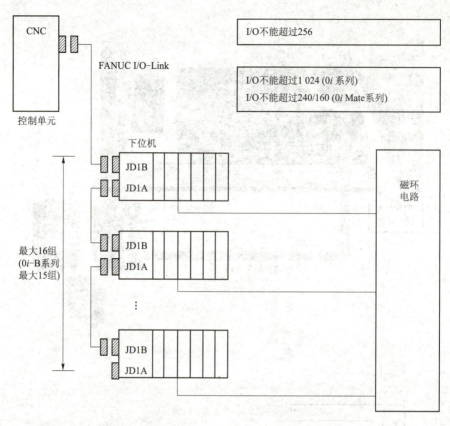

图 3-3-18　JD51A 连接

对于 I/O – Link 的所有单元来说，JD1A 和 JD1B 的引脚分配都是一致的。I/O – Link 的电缆连接如图 3-3-19 所示。

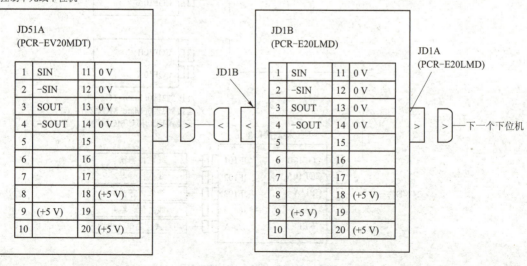

图 3-3-19　I/O – Link 的电缆连接

任务四　CNC 装置调试与维护

任务描述

掌握 CNC 系统装置日常调试与维护内容，掌握 CNC 装置的维护原则和常用方法，能够快速有效地对 CNC 系统进行调试与维护。

知识链接

一、数控装置的日常维护与保养

日常维护与保养对设备是非常重要的，做好日常维护与保养能够大大延长设备的使用寿命。其中，CNC 系统的日常维护主要包括以下几方面：

（1）严格制定并且执行 CNC 系统日常维护的规章制度。根据不同数控机床的性能特点，严格制定其 CNC 系统日常维护的规章制度，并且在使用和操作中要严格执行。

（2）应尽量少开数控柜门和强电柜门。在机械加工车间的空气中往往含有油雾、尘埃，它们一旦落入数控系统的印制电路板或者电气元件上，则易引起电气元件的绝缘电阻下降，甚至导致电路板或者电气元件的损坏。所以，在工作中应尽量少开数控柜门和强电柜门。

（3）定时清理数控装置的散热通风系统。散热通风系统是防止数控装置过热的重要装置。为此，应每天检查数控柜上各个冷却风扇运转是否正常，每半年或者一季度检查一次风道过滤器是否有堵塞现象，如果有，则应及时清理。

（4）注意 CNC 系统输入/输出装置的定期维护。例如 CNC 系统的输入装置中磁头的清洗。

（5）定期检查和更换直流电动机电刷。在 20 世纪 80 年代生产的数控机床，大多数采用直流伺服电动机，这就存在电刷的磨损问题，为此对于直流伺服电动机需要定期检查和更换直流电动机电刷。

（6）经常监视 CNC 装置用的电网电压。CNC 系统对工作电网电压有严格的要求。例如 FANUC 公司生产的 CNC 系统，允许电网电压在额定值的 85%～110% 的范围内波动，否则会造成 CNC 系统不能正常工作，甚至会引起 CNC 系统内部电子元件的损坏。为此要经常检测电网电压，并控制在额定值的 -15%～10% 内。

（7）存储器用电池的定期检查和更换。通常，CNC 系统中部分 CMOS 存储器中的存储内容在断电时靠电池供电保持。一般采用锂电池或者可充电的镍镉电池。当电池电压下降到一定值时，就会造成数据丢失，因此要定期检查电池电压。当电池电压下降到限定值或者出现电池电压报警时，就要及时更换电池。更换电池时一般要在 CNC 系统通电状态下进行，这才不会造成存储参数丢失。一旦数据丢失，在调换电池后，可重新输入参数。

（8）CNC 系统长期不用时的维护。当数控机床长期闲置不用时，也要定期对 CNC 系统进行维护保养。在机床未通电时，用备份电池给芯片供电，保持数据不变。机床上电池在电压过低时，通常会在显示屏幕上给出报警提示。在长期不使用时，要经常通电检查是否有报警提示，并及时更换备份电池。经常通电可以防止电气元件受潮或印制电路板受潮短路或断路等。长期不用的机床，每周至少通电两次以上。具体做法是：

①应经常给 CNC 系统通电，在机床锁住不动的情况下让机床空运行。

②在空气湿度较大的梅雨季节，应每天给 CNC 系统通电，这样可利用电气元件本身的发热来驱走数控柜内的潮气，以保证电气元件的性能稳定可靠。生产实践证明，长期不用的数控机床，过了梅雨天后往往一开机就容易发生故障。

③对于采用直流伺服电动机的数控机床，如果闲置半年以上不用，则应将电动机的电刷取出来，以避免由于化学腐蚀作用而导致换向器表面腐蚀，确保换向性能。

（9）备用印制电路板的维护。对于已购置的备用印制电路板应定期装到 CNC 装置上通电运行一段时间，以防损坏。

（10）CNC 发生故障时的处理。

二、CNC 系统故障时的维修原则及方法

1. 在故障诊断时应掌握的原则

1）先外部、后内部

现代数控系统的可靠性越来越高，数控系统本身的故障率越来越低，而大部分故障的发生则是非系统本身原因引起的。由于数控机床是集机械、液压、电气为一体的机床，其故障的发生也会由这三者综合反映出来。维修人员应先由外向内逐一进行排查，尽量避免随意地启封、拆卸，否则会扩大故障，使机床丧失精度、降低性能。系统外部的故障主要是由检测开关、液压元件、气动元件、电气执行元件、机械装置等出现的问题引起的。

2）先机械、后电气

一般来说，机械故障较易发觉，而数控系统及电气故障的诊断难度较大。在故障检修之前，首先注意排除机械性的故障。

3）先静态、后动态

先在机床断电的静止状态，通过了解、观察、测试、分析，确认通电后不会造成故障扩大、发生事故后，方可给机床通电。在运行状态下，进行动态的观察、检验和测试，查找故障。而对通电后会发生破坏性故障的，必须先排除危险，再通电。

4）先简单、后复杂

当出现多种故障互相交织，一时无从下手时，应先解决容易的问题，后解决难度较大的问题。往往简单问题解决后，难度大的问题也可能变得容易。

2. 数控机床的故障诊断技术

数控系统是高技术密集型产品，要想迅速而正确地查明原因并确定其故障的部位，要借助于诊断技术。随着微处理器的不断发展，诊断技术也由简单的诊断朝着多功能的高级诊断或智能化方向发展。诊断能力的强弱也是评价 CNC 系统性能的一项重要指标。目前所使用

的各种 CNC 系统的诊断技术大致可分为以下几类。

1) 启动诊断

启动诊断是指每次从通电开始，CNC 系统内部诊断程序就自动执行诊断。诊断的内容为系统中最关键的硬件和系统控制软件，如 CPU、存储器、I/O 等单元模块，以及 MDI/CRT 单元、纸带阅读机、软盘单元等装置或外部设备。只有当全部项目都确认正确无误之后，整个系统才能进入正常运行的准备状态。否则，将在 CRT 画面或发光二极管用报警方式指示故障信息。此时启动诊断过程不能结束，系统无法投入运行。

2) 在线诊断

在线诊断是指通过 CNC 系统的内装程序，在系统处于正常运行状态时对 CNC 系统本身及与 CNC 装置相连的各个伺服单元、伺服电动机、主轴伺服单元和主轴电动机以及外部设备等进行自动诊断、检查。只要系统不停电，在线诊断就不会停止。

在线诊断内容一般包括上千条自诊断功能的状态显示，其常以二进制的 0、1 来表示。对正逻辑来说，0 表示断开状态，1 表示接通状态，借助状态显示可以判断出故障发生的部位。常用的有接口状态和内部状态显示，如利用 I/O 接口状态显示，再结合 PLC 梯形图和强电控制电路图，用推理法和排除法即可判断出故障点所在的真正位置。故障信息大都以报警号形式出现。一般可分为以下几大类：过热报警类、系统报警类、存储报警类、编程/设定类、伺服类、行程开关报警类、印制电路板间的连接故障类。

3) 离线诊断

离线诊断是指数控系统出现故障后，数控系统制造厂家或专业维修中心利用专用的诊断软件和测试装置进行停机（或脱机）检查，力求把故障定位到尽可能小的范围内，如缩小到某个功能模块、某部分电路，甚至某个芯片或元件，这种故障定位更为精确。

4) 现代诊断技术

随着电信技术的发展、IC 和微机性价比的提高，近年来国外已将一些新的概念和方法成功地引用到诊断领域。

(1) 通信诊断：也称远程诊断，即利用电话通信线把带故障的 CNC 系统和专业维修中心的专用通信诊断计算机通过连接进行测试诊断。如西门子公司在 CNC 系统诊断中采用了这种诊断功能，即用户把 CNC 系统中专用的"通信接口"连接在普通电话线上，西门子公司维修中心也将专用通信诊断计算机的"数据电话"连接到电话线路上，然后由计算机向 CNC 系统发送诊断程序，并将测试数据输回到计算机进行分析并得出结论，随后将诊断结论和处理办法通知用户。

通信诊断系统还可为用户作定期的预防性诊断，维修人员不必亲临现场，只需按预定的时间对机床作一系列运行检查，在维修中心分析诊断数据，即可发现存在的故障隐患，及早采取措施。当然，这类 CNC 系统必须具备远程诊断接口及联网功能。

(2) 自修复系统：就是在系统内设置有备用模块，在 CNC 系统的软件中装有自修复程序，当该软件在运行过程中发现某个模块有故障时，系统就将故障信息显示在 CRT 上，同时自动寻找是否有备用模块，如有备用模块，则系统能自动使故障脱机，而接通备用模块使系统能较快地进入正常工作状态。这种方案适用于无人管理的自动化工作场合。

需要注意的是，机床在实际使用中也有些故障既无报警信息，现象也不是很明显，对这种情况，处理起来就不那样简单了。另外，有些设备出现故障后，不但无报警信息，而且缺乏有关维修所需的资料。对这类故障的诊断处理，必须根据具体情况仔细检查，从现象的微小之处进行分析，找出它的真正原因。要查清这类故障的原因，首先必须从各种表面现象中找出它的真实故障现象，再从确认的故障现象中找出发生的原因。全面地分析一个故障现象是决定判断是否正确的重要因素。在查找故障原因前，首先必须了解以下情况：故障是在正常工作中出现还是刚开机就出现的；出现的次数是第一次还是已多次发生；确认机床加工程序的正确性。

3. 数控系统常见故障的排除方法

由于数控机床故障比较复杂，同时数控系统自诊断能力还不能对系统的所有部件进行测试，往往是一个报警号指示出众多的故障原因，使人难以入手。下面介绍维修人员在生产实践中常用的排除故障方法。

1）直观检查法

直观检查法是维修人员根据对故障发生时的各种光、声、味等异常现象的观察，确定故障范围，将故障范围缩小到一个模块或一块电路板上，然后再进行排除。一般包括：

（1）询问：向故障现场人员仔细询问故障产生的过程、故障表象及故障后果等。

（2）目视：总体查看机床各部分工作状态是否处于正常状态，各电控装置有无报警指示，局部查看有无熔断丝烧断、元器件烧焦、开裂，电线电缆脱落，各操作元件位置正确与否等。

（3）触摸：在整机断电条件下可以通过触摸各主要电路板的安装状况、各插头座的插接状况、各功率及信号导线的连接状况以及用手摸并轻摇元器件，尤其是大体积的阻容、半导体器件有无松动之感，检查出一些断脚、虚焊、接触不良等故障。

（4）通电：是指为了检查有无冒烟、打火，有无异常声音、气味以及触摸有无过热电动机和元件存在而通电，一旦发现问题，则立即断电分析。如果存在破坏性故障，则必须将其排除后再通电。

例：一台数控加工中心在运行一段时间后，CRT 显示器突然出现无显示故障，而机床还可继续运转。停机后再开又一切正常。观察发现，设备运转过程中，每当发生振动时故障就可能发生。初步判断是元件接触不良。当检查显示板时，CRT 显示突然消失。检查发现有一晶振的两个引脚均虚焊松动。重新焊接后，故障消除。

2）初始化复位法

一般情况下，由瞬时故障引起的系统报警，可用硬件复位或开关系统电源依次清除故障。若系统工作存储区由掉电、拔插电路板或电池欠压造成混乱，则必须对系统进行初始化清除，清除前应注意做好数据拷贝记录，若初始化后故障仍无法排除，则进行硬件诊断。

例：对于一台数控车床，当按下自动运行键时，计算机拒不执行加工程序，也不显示故障自检提示，显示屏幕处于复位状态（只显示菜单）。有时手动、编辑功能正常，检查用户程序、各种参数完全正确；有时因记忆电池失效，更换记忆电池等，系统显示某一方向尺寸超量或各方向的尺寸都超量（显示尺寸超过机床实际能加工的最大尺寸或超过系统能够认可的最大尺寸）。排除方法：采用初始化复位法使系统清零复位（一般要用特殊组合键或密码）。

3）自诊断法

数控系统已具备了较强的自诊断功能，并能随时监视数控系统的硬件和软件的工作状态。利用自诊断功能，能显示出系统与主机之间接口信息的状态，从而判断出故障发生在机械部分还是数控部分，并显示出故障的大体部位（故障代码）。

（1）硬件报警指示：是指包括数控系统、伺服系统在内的各电气装置上的各种状态和故障指示灯，结合指示灯状态和相应的功能说明便可获知指示内容及故障原因与排除方法。

（2）软件报警指示：系统软件、PLC程序与加工程序中的故障通常都设有报警显示，依据显示的报警号对照相应的诊断说明手册便可获知可能的故障原因及排除方法。

4）功能程序测试法

功能程序测试法是将数控系统的 G、M、S、T、F 功能用编程法编成一个功能试验程序，并存储在相应的介质上，如纸带和磁带等。在故障诊断时运行这个程序，可快速判定故障发生的可能起因。

功能程序测试法常应用于以下场合：

（1）机床加工造成废品而一时无法确定是编程操作不当，还是数控系统故障引起的。

（2）数控系统出现随机性故障，一时难以区别是外来干扰，还是系统稳定性不好。

（3）闲置时间较长的数控机床在投入使用前或对数控机床进行定期检修时。

例：一台 FANUC9 系统的立式铣床在自动加工某一曲线零件时出现爬行现象，表面粗糙度极差。在运行测试程序时，直线、圆弧插补时皆无爬行，由此确定原因在编程方面。对加工程序仔细检查后发现，该曲线由很多小段圆弧组成，而编程时又使用了正确定位外检查 G61 指令。将程序中的 G61 取消，改用 G64 后，爬行现象消除。

5）备件替换法

用好的备件替换诊断出问题的电路板，即在分析出故障大致起因的情况下，维修人员可以利用备用的印制电路板、集成电路芯片或元器件替换有疑点的部分，从而把故障范围缩小到印制电路板或芯片一级，并做相应的初始化启动，使机床迅速投入正常运转。

对于现代数控的维修，越来越多的情况采用这种方法进行诊断，然后用备件替换损坏模块，使系统正常工作。尽最大可能缩短故障停机时间。使用这种方法在操作时注意一定要在停电状态下进行，还要仔细检查电路板的版本、型号、各种标记、跨接是否相同，若不一致，则不能更换。拆线时应做好标志和记录。

一般不要轻易更换 CPU 板、存储器板及电池，否则有可能造成程序和机床参数的丢失，使故障扩大。

例：一台采用西门子 SINUMERIKSYSTEM3 系统的数控机床，其 PLC 采用 S5—130W/B，一次发生故障时，通过 NC 系统 PC 功能输入的 R 参数，在加工中不起作用，不能更改加上程序中 R 参数的数值。通过对 NC 系统工作原理及故障现象的分析，认为 PLC 的主板有问题，与另一台机床的主板对换后，进一步确定为 PLC 主板的问题。经专业厂家维修，故障被排除。

6）交叉换位法

当发现故障板或者不能确定是否是故障板而又没有备件的情况下，可以将系统中相同或相兼容的两块板互换检查，例如两个坐标的指令板或伺服板的交换，从中判断故障板或故障部位。这种交叉换位法应特别注意，不仅要做到硬件接线的正确交换，还要将一系列相应的参数交换，否则不仅达不到目的，反而会产生新的故障，造成思维混乱；一定要事先考虑周全，设计好软、硬件交换方案，准确无误后再进行交换检查。

例：一台数控车床出现 X 向进给正常，Z 向进给出现振动、噪声大、精度差，采用手动和手摇脉冲进给时也如此。观察各驱动板指示灯亮度及其变化基本正常，疑是 Z 轴步进电动机及其引线开路或 Z 轴机械故障。遂将 Z 轴电动机引线换到 X 轴电动机上，X 轴电动机运行正常，说明 Z 轴电动机引线正常；又将 X 轴电动机引线换到 Z 轴电动机上，故障依旧，可以断定是 Z 轴电动机故障或 Z 轴机械故障。测量电动机引线，发现一相开路。修复步进电动机，故障排除。

7）参数检查法

系统参数是确定系统功能的依据，参数设定错误就可能造成系统的故障或某功能无效。发生故障时应及时核对系统参数，参数一般存放在磁盘存储器或存放在需由电池保持的 CMOSRAM 中，一旦电池电量不足或外界的干扰等因素，使个别参数丢失或变化，发生混乱，使机床无法正常工作，就通过核对、修正参数将故障排除。

例：一台数控铣床上采用了测量循环系统，这一功能要求有一个背景存储器，调试时发现这一功能无法实现。检查发现确定背景存储器存在的数据位没有设定，经设定后该功能正常。

三、CNC 参数调试主要内容

根据机床的性能和特点调整以下内容：

（1）进给轴快速移动速度和进给速度参数调整。
（2）各进给轴加减整常数的调整。
（3）主轴控制参数调整。
（4）换刀装置的参数调整。
（5）其他辅助装置的参数调整，如液压系统、气压系统。

 任务实施

一、发那科 Oi 系列通用系统参数的修改步骤及方法

（1）将 CNC 控制器置于 MDI 方式或急停状态；按几次"OFFSET SETTING"功能键，显示设定（SETTING）页面；在 MDI 键盘上使用光标键，使光标定位在"参数写入"项上；在 MDI 键盘上按"1"键→"INPUT"键，即可打开参数修改界面（此时系统有报警，可忽略不管）。参数写入设定画面如图 3-4-1 所示。

（2）在 MDI 方式下，在 MDI 键盘上按"SYSTEM"键，按"参数"软键调出参数界面，利用 MDI 键盘输入"1410"，按"NO 检索"软键，即可调出 1410 号参数，查找 1410 等参数界面如图 3-4-2 所示。

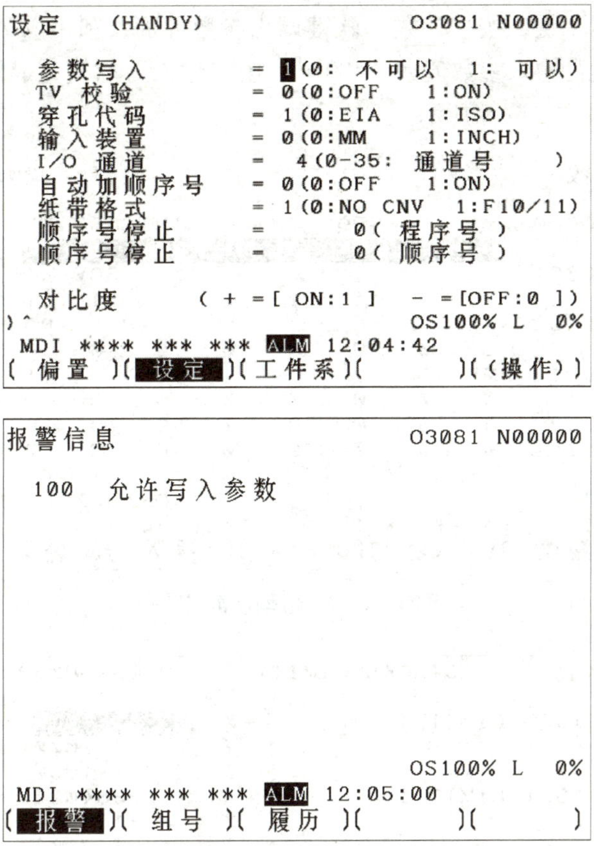

设定 (HANDY) O3081 N00000
参数写入 = 1(0: 不可以 1: 可以)
TV 校验 = 0(0:OFF 1:ON)
穿孔代码 = 1(0:EIA 1:ISO)
输入装置 = 0(0:MM 1:INCH)
I/O 通道 = 4(0-35: 通道号)
自动加顺序号 = 0(0:OFF 1:ON)
纸带格式 = 1(0:NO CNV 1:F10/11)
顺序号停止 = 0(程序号)
顺序号停止 = 0(顺序号)
对比度 (+ =[ON:1] - =[OFF:0])
OS100% L 0%
MDI **** *** *** ALM 12:04:42
(偏置)(设定)(工件系)( )((操作))
报警信息 O3081 N00000
100 允许写入参数
OS100% L 0%
MDI **** *** *** ALM 12:05:00
(报警)(组号)(履历)( )( )

图3-4-1　参数写入设定

参数 (FEEDRATE) O0001 N12345
1401 RDR J&R RF0 LRP RPD
0 0 0 0 0 0 0 0
1402 DLF RFC
0 0 0 0 0 0 0 0
1410 DRY RUN FEEDRATE 10000
1411 INIT.CUTTING F 0
1420 RAPID FEEDRATE X 15000
Y 15000
Z 15000
MEM STRT MTN FIN *** 10: 02: 35
[参 数] [诊 断] [PMC] [系 统] [(操 作)]
POS
FROG
OFS/SET
SYSTEM
MESSAGE
CSTM/GR
功能键
光标
软键显示
(项目选择)
返回菜单键
软键
扩展菜单键

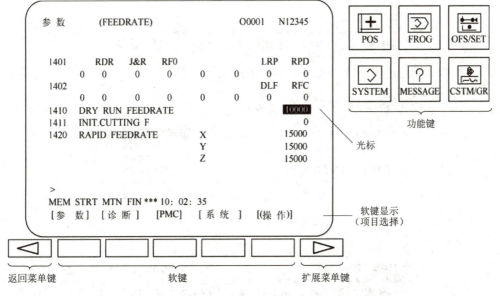

图3-4-2　查找参数

（3）在 MDI 方式下，按"OFFSET SETTING"功能键（设定）将 PWE（参数写入）改为 1，按"SYSTEM"键，按"参数"软键调出参数界面，利用 MDI 键盘输入参数号如"1320"，利用 MDI 键盘输入参数值如"1000"，按"输入"软键完成修改。常见修改参数类型如图 3-4-3~图 3-4-5 所示。

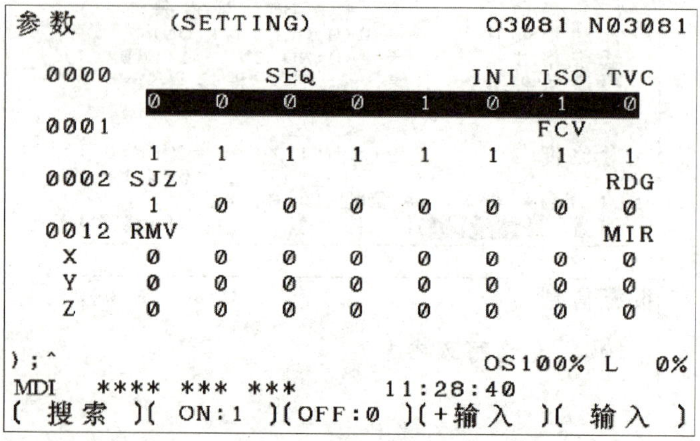

图 3-4-3 位型参数设定

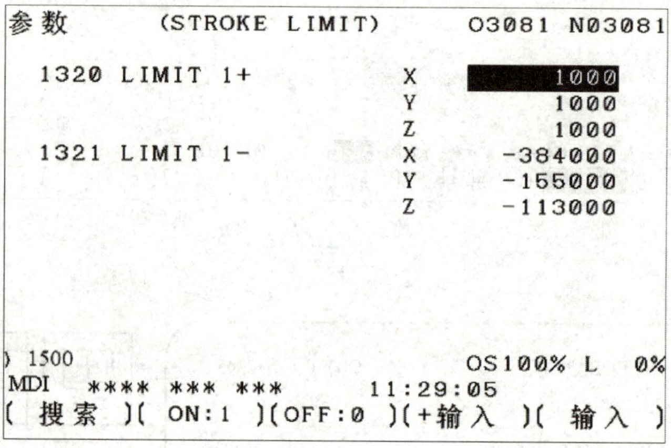

图 3-4-4 字节值参数设定

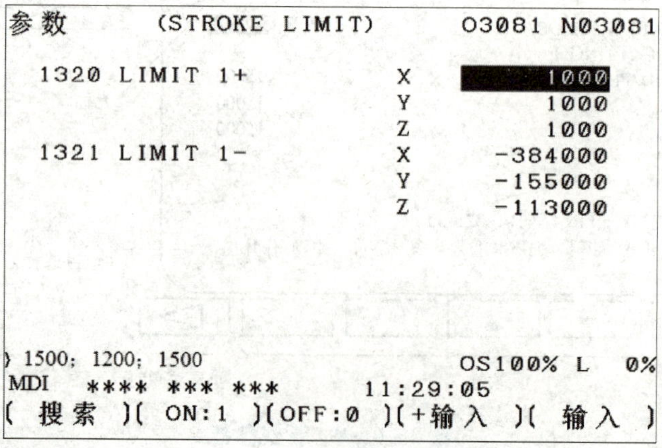

图 3-4-5 参数值连续设定

二、参数备份与还原

使用 M – CARD 分别备份系统数据（默认命名）。

1. 将 20#参数设定为 4 表示通过 M – CARD 进行数据交换（图 3 – 4 – 6）

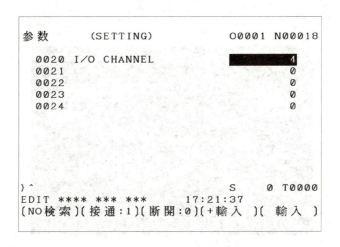

图 3 – 4 – 6　设置通道参数

2. 在编辑方式下选择要传输的相关数据的界面（以参数为例）

（1）按下软键右侧的"OPR"（操作），对数据进行操作。

　　　　EDIT　****　***　***　　　　17：13：51
　　　　〔 参数 〕〔 诊断 〕〔 PMC 〕〔 系统 〕〔（操作）〕

（2）按下右侧的扩展键"▷"。

　　　　EDIT　****　***　***　　　　17：22：24
　　　　〔　　　〕〔 READ 〕〔 PUNCH 〕〔　　　〕〔　　　〕

（3）"READ"表示从 M – CARD 读取数据，"PUNCH"表示把数据备份到 M – CARD。

　　　　EDIT　****　***　***　　　　17：22：39
　　　　〔　　　〕〔　　　〕〔 ALL 〕〔　　　〕〔 NON – 0 〕

（4）"ALL"表示备份全部参数，"NON – 0"表示仅备份非零的参数。

　　　　EDIT　****　***　***　　　　17：22：53
　　　　〔　　　〕〔　　　〕〔　　　〕〔 CAN 〕〔 EXEC 〕

（5）按"EXEC"即可看到［EXECUTE］闪烁，参数保存到 M – CARD 中。

通过这种方式备份数据，备份的数据以默认的名字存于 M – CARD 中。如备份的系统参数器默认的名字为"CNCPARAM"。

注：把 100#3 NCR 设定为 1 可让传出的参数紧凑排列；从 M – CARD 输入参数时选择"READ"；使用这种方法再次备份其他机床相同类型的参数时，之前备份的同类型的数据将

被覆盖。

3. 使用 M – CARD 分别备份系统数据（自定义名称）

若要给备份的数据自定义名称，则可以通过"ALL IO"界面进行。

（1）按下 MDI 面板上的"SYSTEM"键，然后按下显示器下面软键的扩展键数次，出现如图 3 – 4 – 7 所示界面。

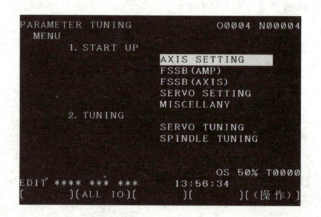

图 3 – 4 – 7 参数组

（2）按下"操作"键，出现可备份的数据类型，以备份参数为例，如图 3 – 4 – 8 所示。

① 按下"参数"键。

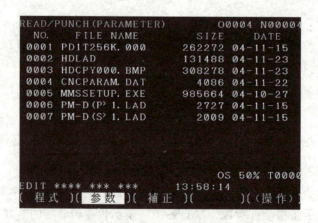

图 3 – 4 – 8 参数

② 按下"操作"键，出现可备份的操作类型。

"F READ"为在读取参数时按文件名读取 M – CARD 中的数据。

"N READ"为在读取参数时按文件号读取 M – CARD 中的数据。

"PUNCH"传出参数。

"DELETE"删除 M – CARD 中的数据（图 3 – 4 – 9）。

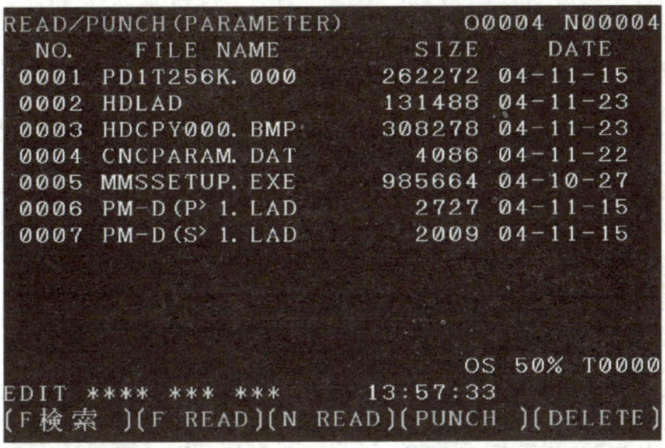

项目三　CNC装置电气装调

图3-4-9　卡中数据显示

③ 在向 M-CARD 中备份数据时选择 "PUNCH"，按下该键出现如图3-4-10所示界面。

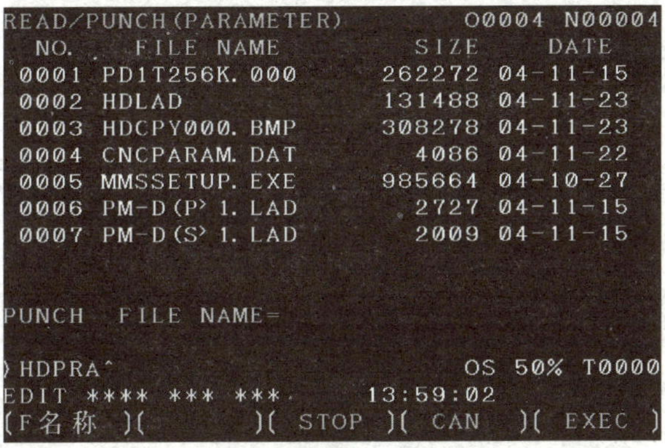

图3-4-10　输出文件命名

④ 输入要传出的参数的名字，如 "HDPRA"，按下 "F名称" 即可给传出的数据定义名称，执行即可（图3-4-11）。

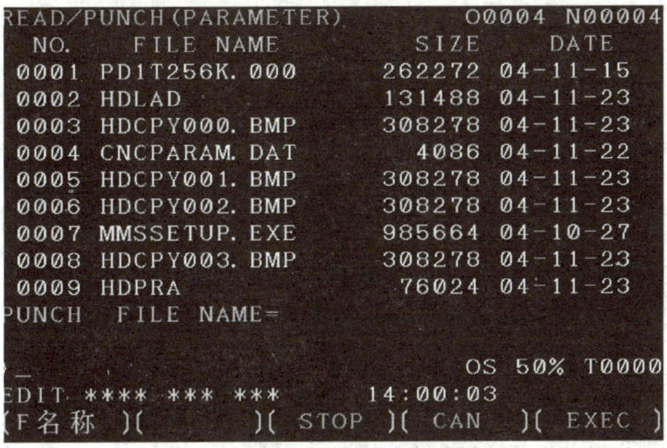

图3-4-11　输出执行

通过这种方法备份参数可以给参数自定义名称，这样也可以备份不同机床的多个参数。对于备份系统其他数据也是如此。

4. 用户程序备份

（1）在程序界面备份系统的全部程序时输入 0～9999，依次按下"PUNCH""EXEC"键可以把全部程序传出到 M－CARD 中（默认文件 PROGRAM.ALL）。设置 3201#6 NPE 可以把备份的全部程序一次性输入系统中（图 3－4－12）。

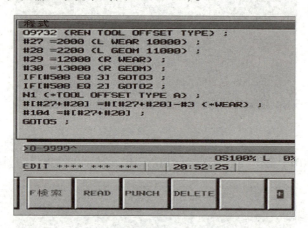

图 3－4－12 输入 0～9999

（2）在此界面选择 10 号文件，在 PROGRAM.ALL 程序号处输入 0～9999 可把程序一次性全部传入系统（图 3－4－13）。

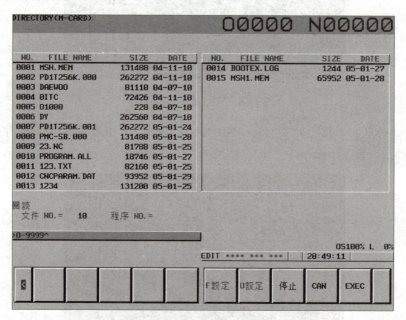

图 3－4－13 选择参数

（3）也可给传出的程序自定义名称。同样是在"ALL IO"界面选择"PROGRAM"，选择"PUNCH"，输入要定义的文件名。例如 18IPROG，然后按下"F 名称"，输入要传出的程序范围，如 0～9999（表示全部程序），然后按下"O 设定"键，按下"EXEC"键执行即可（图 3－4－14、图 3－4－15）。

项目三 CNC装置电气装调

图 3-4-14 命名输出文件

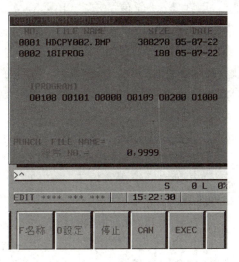

图 3-4-15 输出执行

5. 使用 M-CARD 备份梯形图

(1) 按下 MDI 面板上的"SYSTEM"键,依次按下软键盘上的"PMC""I/O"键,显示 PMC 的传输界面,如图 3-4-16 所示。

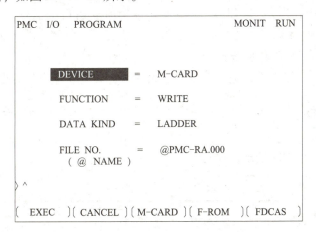

图 3-4-16 PMC 传输界面

(2) 使用存储卡备份梯形图时,将"DEVICE"处设置为 M-CARD,将"FUNCTION"处设置为 WRITE(当从 M-CARD 到 CNC 传输数据时设置为 READ),将"DATAKIND"处设置为 LADDER 时,可实现梯形图备份;选择备份梯形图参数 FILE NO. 为梯形图的名字(默认为上述名字),也可自定义名字,输入@××(××为自定义名字,当使用的小键盘没有@符号时,可用#代替)。注意备份梯形图。

(3) 按下"EXEC"键执行即可。

(4) 将"DEVICE"处设置为 F-ROM,把传入的梯形图存入系统 F-ROM 中。

6. 利用 PC 进行数据的备份与恢复

这是一种非常普遍的做法。硬件配制:FANUC Oi 数控系统、PC、通信电缆、传输软

163

件。可实现数据通信的有：PROGRAM（零件程序）、PARAMETER（机床参数）、PITCH（螺距误差补偿表）、MACRO（宏参数）、OFFSET（刀具偏置表）、WORK（工件坐标系）、PMC PARAMETER（PMC 数据），但需分别设置 PC 端和 CNC 端相应的通信协议。机床参数、螺距误差补偿表、宏参数、工件坐标系数据传输的协议设定只需在各自的菜单下设置，协议与零件程序传送的协议相同，PMC 数据的传送则需更改两端的协议。操作流程如下：

（1）数据备份。

① 准备外接 PC 和 RS232 传输电缆。

② 连接 PC 与数控系统。

③ 在数控系统中，按下"SYSTEM"功能键，进入"ALL IO"菜单，设定传输参数（和外部 PC 匹配）。

④ 在外部 PC 设置传输参数（和系统传输参数匹配）。

⑤ 在 PC 上打开传输软件，选定存储路径和文件名，进入接收数据状态。

⑥ 在数控系统中，进入"ALL IO"界面，选择所要备份的文件（有程序、参数、间距、伺服参数、主轴参数等可供选择）。按下"操作"菜单，进入操作界面，再按下"PUNCH"软键，数据传输到计算机中。

（2）数据恢复。

① 外部数据恢复与数据备份操作的前四个步骤是一样的。

② 在数控系统中，进入"ALL IO"界面，选择所要备份的文件（有程序、参数、间距、伺服参数、主轴参数等可供选择）。按下"操作"菜单，进入操作界面，再按下"READ"软键，等待 PC 将相应数据传入。

③ 在 PC 中打开传输软件，进入数据输出菜单，打开所要输出的数据，然后发送。

任务评价

根据任务完成过程中的表现，填写表 3-4-1。

表 3-4-1　任务评价

项目	评价要素	评价标准	自我评价	小组评价	综合评价
知识准备	资料准备	参与资料收集、整理，自主学习			
	计划制订	能初步制订计划			
	小组分工	分工合理，协调有序			
任务过程	参数开关打开	操作正确，熟练程度			
	参数查找	操作正确，熟练程度			
	参数修改	操作正确，熟练程度			
	数据备份	操作正确，熟练程度			
	数据恢复	操作正确，熟练程度			
拓展能力	知识迁移	能实现前后知识的迁移			
	应变能力	能举一反三，提出改进建议或方案			

续表

项目	评价要素	评价标准	自我评价	小组评价	综合评价
学习态度	主动程度	自主学习主动性强			
	合作意识	协作学习能与同伴团结合作			
	严谨细致	仔细认真,不出差错			
	问题研究	能在实践中发现问题,并用理论知识解决实践中的问题			
	安全规程	遵守操作规程,安全操作			

任务拓展

西门子802系列数据备份与恢复

在修改参数前必须进行参数的备份,防止系统调乱后不能恢复。数控系统正确的运行,必须保证各种参数的正确设定,不正确的参数设置与更改可能造成严重的后果。因此必须理解参数的功能和熟悉设定值,按功能和重要性划分参数的不同级别。数控装置设置了三种级别的权限,允许用户修改不同级别的参数。

通过权限口令的限制,对重要参数进行保护,防止因误操作而引起故障和事故。查看参数和备份参数不需要口令。

一、数据的存储

机床数据存储器:在 SINUMERIK802D 系统内,有静态存储 SRAM 与高速闪存 FLASHROM 两种存储器:静态存储器区存放工作数据(数据可修改),高速闪存区存放固定数据,通常作为数据备份区、出厂数据区、PLC 程序和文本区等,也可用来存放系统程序。西门子802系列存储结构如图3-4-17所示。

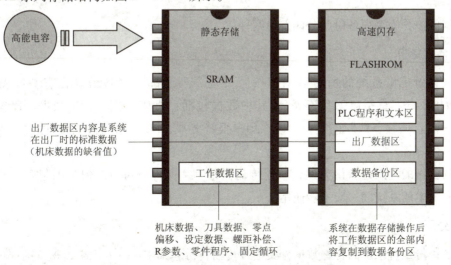

图 3-4-17 西门子802系列数据存储框图

二、西门子 802 系列三种启动方式

802D 系统的启动方法和启动方式：系统的启动方法分为冷启动和热启动两种。冷启动是直接给系统加 DC 24 V 电源的启动方法；热启动是系统在已启动运行后，再使系统重新启动的方法。

冷启动和热启动都有以下三种启动方式：方式 0（正常上电启动）、方式 1（缺省值上电启动）、方式 3（按储存数据上电启动）。冷启动的三种启动方式是通过系统上的 S1 方式选择开关选择，热启动的三种启动方式是通过系统软键选择的。启动方式界面如图 3-4-18 所示。

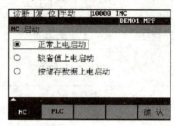

图 3-4-18　启动方式界面

1. 方式 0 为正常上电启动

正常上电启动时，系统检测静态存储器，当发现静态存储器掉电时，如果做过内部数据备份，系统会自动将备份数据装入工作数据区后启动；如果没有，系统会将出厂数据区的数据写入工作数据区后启动。

2. 方式 1 为缺省值上电启动

以 SIEMENS 出厂数据启动，制造商机床数据被覆盖。启动时，出厂数据写入静态存储器的工作数据区后启动，启动完后显示 04060 已经装载标准机床数据报警，复位后可清除报警。

3. 方式 3 为按储存数据上电启动

以高速闪存 FLASHROM 内的备份数据启动。启动时，备份数据写入静态存储器的工作数据区后启动，启动完后显示 04062 已经装载备份数据报警，复位后可清除报警。

三、机床数据的保护

数据保护分为系列备份和分区备份两种。

1. 系列备份

系列备份是将系统的所有数据都按照一定序列全部传输备份并含有一些操作指令（如初始化系统、重新启动系统等），其中数据包括：机床数据、设定数据、R 参数、刀具参数、零点偏移、螺距误差补偿值、用户报警文本、PLC 用户程序、零件加工程序、固定循环。

系列备份的优点是备份方便，只需传输保存一个文件就可以。但其中包含一些特殊指令，不同版本的系统间一般不能通用。

2. 分区备份

分区备份是将系统的各种数据分类进行传输备份。其中可分五大类，每一类都可分别传输备份，具体为：1 类（零件程序和子程序…）、2 类（标准循环…）、3 类（用户循环…）、

4类(数据…)、5类(PLC-应用)。其中带"…"符号的类别中又可以选择某一程序或循环或数据。1类程序和2、3类循环根据用户使用不同,其中包含的程序和循环也不同,这些程序和循环可单独分程序或循环传输备份。4类数据内包含6个子类机器数据、设置数据、刀具数据、R参数、零点偏移、丝杠误差补偿,这6个子类又可单独分类传输备份。802系列参数分区备份与还原对应关系如图3-4-19所示。

分区备份的优点是备份的文件不分版本,可以通用,方便制造商使用。但其备份文件很多,如备份不全就不能完全恢复系统。

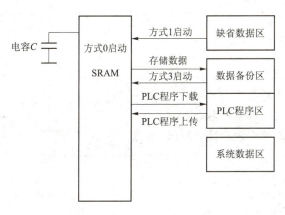

图3-4-19　802系列参数分区备份与还原

四、西门子802CBL系统的数据传输

系统的数据支持数控机床的运行,如果系统数据丢失,系统将不能正常工作。出现这种现象时,应将数据通过系统的RS232异步通信接口将程序、数据输入系统存储器,为实现这种操作使用西门子专用编程软件和WINPCIN传输软件来传输数据。需要备份的文件有NC机床数据、PLC机床数据、PLC梯形图、PLC报警文本、设定数据、R参数、零点补偿、刀具补偿,以及主程序、子程序等。

五、WINPCIN软件介绍

WINPCIN软件是西门子公司提供的V.24通信软件,专门用来输入、输出数控系统备份文件。它可以在专用编程器或通用计算机上使用,可读入和传出文件。该软件具有下拉式菜单,除了输入、输出数据外,还可以设置通信参数、编辑文件、设置显示语言等。

项目四　数控机床刀架系统电气控制

知识目标

1. 认知数控机床刀架的基本形式；
2. 掌握数控机床刀架系统电气控制知识；
3. 理解数控车床刀架控制PLC程序知识。

技能目标

1. 掌握数控机床典型刀架系统安装技能；
2. 掌握数控机床典型刀架系统调试技能；
3. 识读机床刀架控制电气原理图，并根据原理图进行安装接线；
4. 理解数控车床刀架控制PLC，并能根据相关知识进行简单的故障排除。

任务一　数控机床刀架系统认知

任务描述

认知数控机床刀架的基本形式，掌握其分类及结构特点，并掌握其工作原理。

知识链接

数控车床的回转刀架、加工中心的自动换刀装置和高速主轴单元，以及数控机床常用的回转工作台、自动排屑等部件是数控机床的重要组成部分，统称为功能部件。随着社会分工的日益精细化，这些部件已经越来越多地由专业厂家进行批量生产和制造，除非特殊需要，数控机床生产厂家一般都选择专业厂家生产的产品。

自动换刀装置是数控机床实现自动换刀动作最重要的标准功能部件,其性能在很大程度上决定了数控机床功能、效率和自动化程度,下面简单了解一下数控车床采用的刀架形式。

一、刀架的基本形式

数控车床所使用的回转刀架是较为简单的自动换刀装置,根据车床结构和功能的不同,其形式多样,但基本结构与原理类似。具有足够的强度和刚性、定位准确、换刀便捷、动作可靠是数控车床对刀架的共同要求,刀架的性能一般与车床的精度、价格匹配,其常用的刀架如下。

1. 电动回转刀架

电动回转刀架一般用于国产普及型数控车床。普及型数控车床一般采用平车身、卧式布局,其外形如图4-1-1所示,车床的进给系统多采用通用伺服或步进电动机驱动,主轴以采用通用变频器调速的居多。

普及型数控车床的刀架外形如图4-1-2所示。刀架的外形与普通车床的手动刀架类似,刀架为水平布置,其抬起、回转、夹紧可以通过刀架电动机的正反转配合实现。电动机正转时,可以实现刀架的抬起和回转运动;电动机反转时,可实现刀架的定位和锁紧。

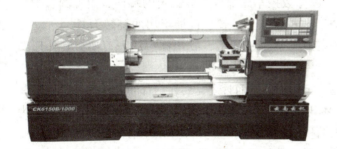

图4-1-1 普及型数控车床　　　　图4-1-2 普及型数控车床的刀架外形

电动刀架具有结构简单、控制容易、制造成本低等优点,但缺点是不能实现就近选刀,换刀时间长,刀位数少(一般为4~6刀位),且其定位精度也较低。因此,其适用于结构简单、精度和效率都不高的低价位、普及型国产数控车床。

2. 液压回转刀架

液压回转刀架多用于全功能型数控车床,全功能型数控车床一般采用斜车身布局,其外形如图4-1-3所示,机床的进给系统多采用专用伺服驱动,主轴可以采用通用变频器调速或交流主轴驱动。

全功能型数控车床一般采用液压回转刀架,其外形如图4-1-4所示。液压回转一般为垂直布置,刀架的抬起和定位锁紧为液压控制,刀架的回转通过回转油缸或电动机(一般为伺服电动机)的正反转实现。

液压回转刀架可以安装的刀位数多(8刀位以上),可以实现快速选刀、定位准确,但其结构较为复杂,制造成本较高。因此,一般用于功能齐全、精度和效率要求高的进口或国产全功能数控车床。

图 4-1-3　全功能型数控车床

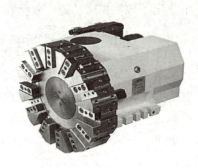

图 4-1-4　液压回转刀架

3. 车削中心刀架

车削中心是在数控车床基础上发展起来的一种可以实现轴类零件车、铣加工的多用途机床，其外形如图 4-1-5 所示。车削中心的主轴（工件）不但可以控制速度，而且还具有位置控制功能，能参与 X、Y、Z 等基本坐标轴的"插补"运算，实现 Cs 轴控制功能。车削中心除了像数控车床那样具有 X 轴（径向）、Z 轴（长度）运动轴外，还带有垂直方向的运动轴（Y 轴）。车削中心的刀架上除了可以像数控车床那样安装固定的端面、内外圆、中心孔加工的车削刀具外，还可以安装类似于数控铣床钻、镗、铣加工用的旋转刀具（称动力刀具），以实现工件侧面、端面的孔加工或轮廓铣削加工，故常称为动力刀架，其外形如图 4-1-6 所示。

动力刀架不但刀位数多、换刀快捷、定位准确，而且还需要在内部布置动力刀具主轴和 Y 轴运动部件，其结构更复杂，制造成本更高。动力刀架为斜置，刀架的抬起和定位锁紧为液压控制，刀架的回转一般通过伺服电动机的正反转实现。由于车削中心的刀架结构与机床结构、布局、性能密切相关，因此，动力刀架一般需要机床生产厂家自行设计与制造。

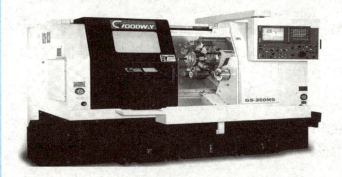

图 4-1-5　车削中心

图 4-1-6　动力刀架

二、电动刀架的结构与原理

电动刀架是国产普及型数控车床使用最为广泛、最简单的车床自动换刀装置，以四工位电动刀架最为常用。

电动刀架的结构，以四工位刀架为例，如图 4-1-7 所示。刀架由电动机、蜗轮蜗杆副、底座、刀架体、端面齿牙盘、转位套、刀位检测装置等部件组成，换刀过程如下。

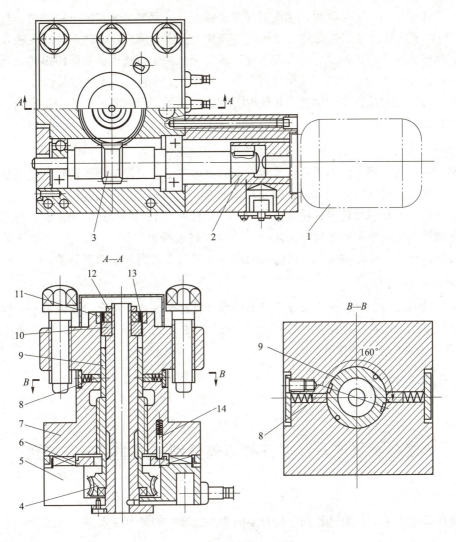

图4-1-7 四工位刀架结构

1—刀架电动机；2—联轴器；3—蜗杆；4—蜗轮轴；5—底座；6—粗定位盘；
7—刀架体；8—球头销；9—转位套；10—检测盘安装座；11—发信磁体；
12—固定螺母；13—刀位检测盘；14—粗定位销

1. 刀架抬起

当CNC执行换刀指令T时，如果现行刀位与T指令要求的位置不符，CNC将输出刀架正转信号TL+，刀架电动机1将启动正转，并通过联轴器2、蜗杆3带动上部加工有外螺纹的蜗轮轴4转动。由于蜗轮轴4的中心轴与底座5固定、内孔与中心轴的外圆是动配合，故电动机正转时蜗轮轴4将绕中心轴旋转。由于刀架体7的内孔螺纹与蜗轮轴4的外螺纹配合，其端面齿牙盘处在啮合状态，使得刀架体不能转动，因此，当蜗轮轴转动时，刀架体7将通过螺纹运动向上抬起，实现刀架的自动松开。

2. 刀架转位

当刀架体7抬到一定位置后，端面齿牙盘将被脱开。而当齿牙盘完全脱开时，与蜗轮轴4连接的转位套9将转过160°左右，使得转位套9上的定位槽正好移动至与球头销8对准的位置，因此球头销8将在弹簧力的作用下插入转位套9的定位槽中，从而使得转位套带动刀架体7进行转位，实现刀架的刀具交换（转位）。刀架正转时，由于粗定位盘6上端面的定位槽沿正转方向为斜面退出，因此，正转时刀架体7上的定位销将被逐步向上推出，不影响刀架的正转运动。

3. 刀架定位

刀架体7转动时将带动用于刀位检测发信的磁体转动，当发信磁体转到T代码指定刀位的检测霍尔元件上时，CNC将撤销刀架正转信号TL+，输出刀架反转信号TL−，使得刀架电动机1反转。电动机反转时，粗定位销14在弹簧的作用下将沿粗定位盘6上端面的定位槽斜面反向进入定位槽中，这时刀架体的反转运动将被粗定位销14阻止，刀架体被粗定位而停止转动。此时，蜗轮轴4的回转将使刀架体7通过螺纹的移动垂直落下。

4. 刀架锁紧

随着电动机反转的继续，刀架体7的端面齿牙盘将与底座5啮合，并锁紧。当锁紧结束后，刀架电动机1堵转并强迫停止。CNC在经过参数设定的反转时间后，自动撤销刀架反转信号TL−，结束换刀动作。

任务实施

参观各类机床，简述各种刀架分别在哪些机床上使用

1. 手动旋转刀架

安装在普通车床上，通过转柄进行刀架的手动旋转、锁紧等一系列动作。

2. 电动回转刀架

电动回转刀架一般用于国产普及型数控车床上，电动刀架结构简单、制造成本低廉，但是换刀时间长、定位精度也较低，因此，适用于结构简单、精度和效率都不高的低价位、普及型国产数控车床。

3. 液压回转刀架

液压回转刀架多用于全功能型数控车床。液压刀架可以安装的刀位数多（8刀位以上），可以实现快速选刀、定位准确，但其结构较为复杂，制造成本较高。因此，一般用于功能齐全、精度和效率要求高的进口或国产全功能数控车床。

4. 车削中心动力刀架

车削中心动力刀架不但刀位数多、换刀便捷、定位准确，而且还需要在内部布置动力刀具主轴和Y轴运动部件。由于车削中心的刀架结构与机床结构、布局、性能密切相关，因此，动力刀架一般由车削中心厂家自行设计制造。

项目四　数控机床刀架系统电气控制

任务评价

根据任务完成过程中的表现，填写表4-1-1。

表4-1-1　任务评价

项目	评价要素	评价标准	自我评价	小组评价	综合评价
知识准备	资料准备	参与资料收集、整理，自主学习			
	计划制订	能初步制订计划			
	小组分工	分工合理，协调有序			
任务过程	开机	操作正确			
	工作方式选择	操作正确			
	手动方式刀架旋转	操作正确			
	自动方式刀架旋转	操作正确			
	关机	操作正确			
拓展能力	知识迁移	能实现前后知识的迁移			
	应变能力	能举一反三，提出改进建议或方案			
学习态度	主动程度	自主学习主动性强			
	合作意识	协作学习能与同伴团结合作			
	严谨细致	仔细认真，不出差错			
	问题研究	能在实践中发现问题，并用理论知识解决实践中的问题			
	安全规程	遵守操作规程，安全操作			

任务拓展

刀库移动式换刀（斗笠式刀库）

采用刀库移动式换刀的加工中心不需要机械手，但换刀时需要进行刀库的平移、上下等运行，所需要的刀具也能够直接移动到机床主轴的轴线上，其刀具的装卸可直接利用Z轴的上下运动完成。

图4-1-8所示为一种典型的刀库移动式换刀立式加工中心。该机床的刀具装卸通过刀库平移和Z轴的上下运动实现，换刀时刀库只需要进行平移和回转运动，而不需要做上下运动。立式加工中心的刀库移动式换刀的刀库外形类似于斗笠，故在某些场合又被称为斗笠式刀库。

采用刀库移动式换刀的加工中心结构简单、控制容易、换刀可靠，刀具交换前后的安装位置固定不变。但是，由于换刀时需要进行刀库左右平移、回转及Z轴的上下运动等多个动作，故换刀时间较长；此外，这种结构同样存在刀库可安装的刀具数量较少、刀具尺寸过大时会影响工件安装和Z轴加工行程，加工时也不能进行刀具装卸等问题。因此，这是一种适用于普通小型加工中心的自动换刀形式。

图 4-1-8 刀库移动式换刀立式加工中心

刀库移动式换刀需要通过刀库与机床 Z 轴的相对运动，实现刀具的装卸与交换，其换刀动作过程如下：

（1）主轴定向准停，使主轴上的定位键和刀库定位键方向一致；同时，Z 轴快速上升到换刀位置，做好换刀准备。

（2）刀库前移至主轴下方，使得刀库上的刀爪插入主轴刀具刀柄上的 V 形槽中，打刀缸动作，松开主轴上的刀具。

（3）Z 轴快速上升至卸刀位置，使主轴上的刀具从主轴锥孔中脱离，原刀具被留在刀库的刀爪上。

（4）刀库回转，将目标刀具旋转到主轴下方。

（5）Z 轴下降，重新回到换刀位置，新刀具被插入主轴的锥孔内，到位后，刀具夹紧，新刀具装入主轴。

（6）刀库后移（后退），将刀库从主轴下方移出，回到原位，Z 轴便可以正常移动，进行下一步工序的加工。

以上换刀方式不需要机械手，其结构非常简单、动作可靠，但不能实现刀具的预选动作，即在换刀时必须先将原来主轴上的刀具放回到刀库，然后再通过刀库的旋转选择新刀具，因此选刀需要一定的时间，而且每次换刀，刀库和 Z 轴还必须进行一次往复运动，故而其换刀时间往往较长。此外，刀库上刀具的安装也不是很方便。

任务二　数控机床刀架系统电气控制分析

 任务描述

掌握霍尔元件的使用原理，识读数控刀架相关的电气图纸，能根据图纸连接数控刀架控制线路。

项目四　数控机床刀架系统电气控制

知识链接

电气是机械的大脑，通过对电气原理的设计可以执行复杂的机械动作。通过对霍尔效应、刀架的接线原理图和具体的经济型刀架换刀过程的梯形图介绍让大家对刀架的电气原理运用有更深一步的认识。

一、霍尔效应

所谓霍尔效应，是指磁场作用于载流金属导体、半导体中的载流子时，产生横向电位差的物理现象。金属的霍尔效应是 1879 年被美国物理学家霍尔发现的。当电流通过金属箔片时，若在垂直于电流的方向施加磁场，则金属箔片两侧面会出现横向电位差。半导体中的霍尔效应比金属箔片中的更加明显，而铁磁金属在居里温度以下将呈现极强的霍尔效应。

由于通电导线周围存在磁场，其大小与导线中的电流成正比，故可以利用霍尔元件测量出磁场，确定导线电流的大小。利用这一原理可以设计霍尔电流传感器。其优点是不与被测电路发生电接触，不影响被测电路，不消耗被测电源的功率，特别适合于大电流传感。

若把霍尔元件置于电场强度为 E、磁场强度为 H 的电磁场中，则在该元件中将产生电流 I，元件上同时产生的霍尔电位差与电场强度 E 成正比，如果再测出该电磁场的磁场强度，则电磁场的功率密度瞬时值 P 可由 $P = EH$ 确定。

如果把霍尔元件集成的开关按预定位置有规律地布置在物体上，则当装在运动物体上的永磁体经过它时，可以从测量电路上测得脉冲信号。根据脉冲信号列可以传感出该运动物体的位移。若测出单位时间内发出的脉冲数，则可以确定其运动速度。

二、霍尔元件在刀架中运用的概述

在数控机床上常用到的是霍尔接近开关。霍尔元件是一种磁敏元件，利用霍尔元件做成的开关，叫作霍尔开关。当磁性物体接近霍尔开关时，开关检测面上的霍尔元件因产生霍尔效应而使开关内部电路状态发生改变，由此识别附近有磁性物体的存在，进而控制开关的通和断，这种接近开关的检测对象必须是磁性物体。

用霍尔开关检测刀位：首先，得到换刀信号，即 CNC 发出换刀指令，随后电动机开始正转，刀架抬起，电动机继续正转，刀架转过一个工位，霍尔元件检测是否为所需要的刀位，若是，则电动机停转，随后反转，刀架下降并锁紧。若不是，电动机继续正转，刀架继续转位，直至所需刀位。

从原理分析中可以看出霍尔元件在数控机床中的重要作用，它不但起到了检测与反馈的作用，而且也是数控机床精度可靠性的保障。

三、刀架相关电气原理图

电气原理图用来表明设备的工作原理及各电气元件之间的作用，一般由主回路、控制回路、检测保护电路、配电电路等几大部分组成。这种图，由于直接体现了电子电路与电气结构以及其相互间的逻辑关系，所以一般用在设计、分析电路中。分析电路时，通过识别图纸上所画各种电气元件符号，以及它们之间的连接方式，就可以了解电路实际工作时的情况。

下面以图 4-2-1 为例来分析刀架相关的电气原理。

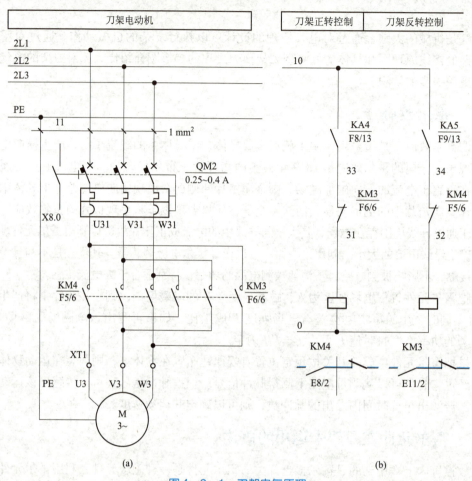

图 4-2-1 刀架电气原理
(a) 主回路；(b) 控制回路

图 4-2-1 中各元器件名称、线号及其作用如表 4-2-1 所示。

表 4-2-1 各元器件名称、代号及其作用

代号	名称及作用
M	刀架电动机
QM2	刀架电动机带过载保护的断路器
KM4	刀架电动机正转控制交流接触器
KM3	刀架电动机反转控制交流接触器
KA4	刀架电动机正转控制中间继电器
KA5	刀架电动机反转控制中间继电器
2L1、2L2、2L3	三相交流 380 V 电源
PE	地线
10、0	交流 220 V 控制回路电源

项目四　数控机床刀架系统电气控制

根据上一任务，我们了解到刀架的基本动作为刀架抬起、刀架转位、刀架定位、刀架锁紧4个步骤，其中3个步骤和刀架电动机息息相关，分别是刀架抬起、刀架转位和刀架锁紧。其中，刀架抬起和刀架转位是由刀架电动机正转带动的，刀架锁紧则是由刀架电动机反转带动的。所以分析刀架的工作过程可以了解到，涉及刀架电动机的部分，只有电动机的正转和反转。下面就根据电气原理图来分析刀架的正反转。

刀架正转：合上 QM2，接通电源，当中间继电器 KA4 常开触点闭合后，接触器 KM4 线圈得电，接触器 KM4 主触点闭合，刀架电动机 M 得电正转，同时 KM4 辅助常闭触点断开，对 KM3 线圈支路进行联锁保护，防止误动作导致电源短路，引起事故。

同理，刀架反转：合上 QM2，接通电源，当中间继电器 KA5 常开触点闭合后，接触器 KM3 线圈得电，接触器 KM3 主触点闭合，刀架电动机 M 得电反转，同时 KM3 辅助常闭触点断开，对 KM4 线圈支路进行联锁保护，防止短路事故发生。

刀架停止：在刀架电动机正转时，当中间继电器 KA4 常开触点断开后，接触器 KM4 线圈失电，接触器 KM4 主触点断开，刀架电动机 M 失电停止运行，KM4 辅助常闭触点复位闭合。在刀架电动机反转时，当中间继电器 KA5 常开触点断开后，接触器 KM3 线圈失电，接触器 KM3 主触点断开，刀架电动机 M 失电停止运行，KM3 辅助常闭触头复位闭合。

通过对电气原理图的分析，我们发现刀架电动机的正转或者反转，包括停止都是通过两个中间继电器的常开触点来控制的，那么这个接触器的常开触点又受什么控制呢？它们受机床的 PLC 控制，那么什么是 PLC 呢？

四、机床刀架 I/O 接线

PLC 是 Programmable Logic Controller 的简称，中文称为可编程逻辑控制器，它是一种可以广泛应用于工业自动化各领域的通用控制器，它不仅具有开关量逻辑控制功能，还可通过选配各种模拟量控制模块，用于化工、冶金等生产过程的控制。PMC 是 Programmable Machine Controller 的简称，是一种专门用于机床控制的 PLC，一般只能进行开关量的逻辑处理，而不能用于生产过程等其他行业的控制，其功能相对单一。

5 轴以下的全功能 CNC 一般采用 CNC、PMC 集成结构，PMC 作为 CNC 逻辑顺序来控制功能的拓展，用来处理诸如 CNC 操作方式选择、坐标轴移动、进给速度调节、主轴正反转和启动/停止、刀具及工作台自动交换、冷却开/关等控制信号和辅助机能。

集成 PMC 是一种结构相对简单的专用型 PLC，其工作原理、程序执行过程、编程方法与通用 PLC 基本相同，但不能独立使用。集成 PLC 的 I/O（输入/输出）模块通常为点数较多的专用开关量输入/输出单元（I/O 单元），其输入规格和输出驱动能力统一，通常也无特殊功能模块可供选择。

集成 PMC 的功能和编程指令较为简单，功能指令远远少于通用 PLC，但也有部分适合CNC 控制的特殊指令，如辅助功能译码、回转体分度控制指令等。PMC 程序设计的目的是使 CNC 满足机床的控制要求，PMC 程序不仅要进行加工程序中的 M、T 等辅助功能的译码与处理、控制机床执行元件的动作，还需要将操作面板上的控制按钮、开关转化为 CNC 的操作方式选择、坐标轴控制和程序运行控制信号。

I/O 信号在 PMC 程序中既可以作为二进制位信号进行开关量逻辑处理，也能以字节、字、双字的形式进行多位逻辑运算、数学运算等处理。信号在 FANUC 机床上的表示方法如下：

（1）二进制位信号：在 PMC 程序中可直接用"触点""线圈"进行编程，信号地址的格式为"地址+字节.位"如 X00010、Y0001.0、G008.6、F007.1 等。其中 X 地址为机床外部开关或者面板按钮等输入地址、Y 地址为机床外部电动机或者照明灯等输出地址、G 地址为 PMC 发送给机床数控系统的地址、F 地址为数控系统发送给 PMC 的地址。

（2）字节/字/双字信号：字节/字/双字信号的地址格式均为"地址+起始字节"，信号的长度（位数）取决于功能指令，如 G008、F007 在字节处理功能指令中代表 8 位二进制信号 G008.0 ~ G008.7、F007.0 ~ F007.7；在字处理功能指令中代表 16 位信号 G008.0 ~ G009.7、F007.0 ~ F008.7 等。

常见 FANUC 刀架 I/O 接线如图 4-2-2 所示，图中出现的 CB105 为 FANUC 系统机床特有，为 4 个 I/O 端口之一，该 4 个端口为 CB104、CB105、CB106、CB107。其中 CB104 端口只能接 X0000、X0001、X0002、Y0000、Y0001 的输入输出，CB105 端口只能接 X0003、X0008、X0009、Y0002、Y0003 的输入输出，CB106 端口只能接 X0004、X0005、X0006、Y0004、Y0005 的输入输出，CB107 端口只能接 X0007、X0010、X0011、Y0006、Y0007 的输入输出。如果接错，则会出现机床报警，或者出现机床短路等事故，而且该输入输出的电压均为直流 24 V，因此，在中间继电器的选型上需要注意。

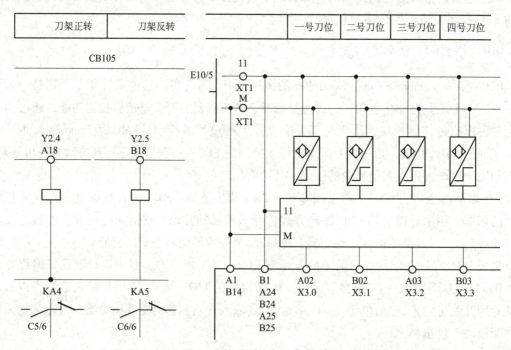

图 4-2-2　刀架 I/O 接线

当机床 PMC 发出刀架正转信号时，Y2.4 被导通，中间继电器 KA4 线圈得电，随后 KA4 常开触点闭合，使接触器 KM4 线圈得电，最终刀架电动机正转。

当机床 PMC 发出刀架反转信号时，Y2.5 被导通，中间继电器 KA5 线圈得电，随后

KA5 常开触点闭合，使接触器 KM3 线圈得电，最终刀架电动机反转。

当刀架旋转到一定位置时，若刀架上的霍尔开关感应到是所需要的刀位，则随即导通 X3.0、X3.1、X3.2、X3.3 其中对应的信号，机床 PMC 即停止正转信号输出，并切换成反转信号输出，直至刀架锁紧。

任务实施

参照电气原理图，完成控制回路的电气接线

一、工具选择

剥线钳：剥线钳是内线电工、电动机修理、仪器仪表电工常用的工具之一，用来供电工剥除电线头部的表面绝缘层。剥线钳可以使电线被切断的绝缘皮与电线分开，是安装接线的重要工具。

压线钳：压线钳是将用剥线钳去除绝缘皮后的电线头部导线压实到冷压端子上的工具。根据冷压端子型号的不同，选择不一样的压线钳。

冷压端子：是用于实现电气连接的一种配件产品，在工业上被划分为连接器的范畴。

螺丝刀：螺丝刀用来松开或者拧紧元器件上的螺钉，方便冷压端子插入或取出相应的接口。

剪刀：用于切断导线。

二、元器件选择

1. 低压断路器

低压断路器常用来做电动机的过载与短路保护。

1）低压断路器的主要技术数据

（1）额定电压。

（2）断路器额定电流。

（3）断路器壳架等级额定电流。

（4）断路器的通断能力。

（5）保护特性。

2）低压断路器的选用

（1）低压断路器的额定电压和额定电流大于等于电路的正常工作电压和计算负载电流。

（2）热脱扣器的整定电流等于所控制负载的额定电流。

（3）电磁脱扣器的瞬时脱扣整定电流大于负载电路正常工作时的峰值电流。

（4）欠电压脱扣器的额定电压等于电路的额定电压。

（5）接触器吸引线圈的额定电压应由所接控制电路电压确定。

2. 熔断器

在低压配电系统和电力拖动系统中的熔断器是一种保护电器。在使用时，熔断器串接在

所保护的电路中，当该电路发生短路故障时，起保护作用。

1）短路保护基本概述

当电动机绕组绝缘损坏、控制电路发生或操作不当引起短路故障时，电路中将产生很大的短路电流，使电动机、电路等电气设备严重损坏，甚至导致电气火灾事故。所以在发生短路故障时，保护电器立即动作，迅速切断电源，从而保证电气设备的安全。

电气控制系统中，常用的短路保护电器是熔断器。熔断器的熔体串联在被保护电路中，正常工作时，熔体相当于一根导线允许一定大小的电流量而不熔断；当电路发生短路故障时，熔体中流过很大的短路电流，使熔体立即熔断，切断电源使电动机停转，从而保护了电动机及其他电器设备。

2）熔断器的选用

（1）根据使用环境和负载性质选择适当类型的熔断器。

（2）熔断器的额定电压大于等于电路的额定电压。

（3）熔断器的额定电流大于等于所装熔体的额定电流。

（4）上、下级电路保护熔体的配合应有利于实现选择性保护。

3. 接触器

交流接触器主要用于远距离频繁地接通或断开交直流主电路及大容量控制电路，还具有欠压、失压保护，同时有自锁、联锁的功能。

1）交流接触器的工作原理

线圈接通后，在铁芯中产生磁通及电磁吸力。此电磁吸力克服弹簧反力使得衔铁吸合，带动触点机构动作，常闭触点打开，常开触点闭合，互锁或接通电路。线圈失电或线圈两端电压显著降低时，电磁吸力小于弹簧的反作用力，使得衔铁释放，触点机构复位，此时断开电路或接触互锁。

2）交流接触器的选用

（1）根据接触器所控制的电动机及负载电流类别来选择相应的接触器类型。

（2）接触器主触点的额定电压大于等于负载回路的额定电压。

（3）接触器控制电阻性负载时，主触点的额定电流等于负载的额定电流。

（4）控制电动机时，主触点的额定电流应大于或稍大于电动机的额定电流。

三、安装接线

安装要求：根据原理图进行安装接线，保证接线正确，安装可靠，导线应走线槽内，不得有铜丝裸露在外，以免引起短路现象。

四、检测

按照原理图，用电阻法进行控制回路的检测。

根据任务完成过程中的表现，填写表 4-2-2。

表4-2-2 任务评价

项目	评价要素	评价标准	自我评价	小组评价	综合评价
知识准备	资料准备	参与资料收集、整理，自主学习			
	计划制订	能初步制订计划			
	小组分工	分工合理，协调有序			
任务过程	安装工具选择	选择正确			
	元器件选择	选择正确			
	安装接线	工具使用熟练、安装位置正确			
	检测	万用表使用正确、检测顺序正确、检测项目正确			
	故障排除	分析故障现象、查找故障点、排除故障			
拓展能力	知识迁移	能实现前后知识的迁移			
	应变能力	能举一反三，提出改进建议或方案			
学习态度	主动程度	自主学习主动性强			
	合作意识	协作学习能与同伴团结合作			
	严谨细致	仔细认真，不出差错			
	问题研究	能在实践中发现问题，并用理论知识解决实践中的问题			
安全规程		遵守操作规程，安全操作			

 任务拓展

机械手换刀

机械手换刀的形式繁多，但总体上都是通过机械手运动完成刀库侧和主轴侧的刀具交换和装卸动作，其机械手需要进行上下180°旋转、刀具松夹等运动，在大型机床上有时还需要做平移等运动；而刀库则需要进行回转选刀，有时还需要进行换刀位置刀具的90°翻转动作；整合自动换刀装置的部件众多，机械结构复杂。

图4-2-3所示为典型的机械手换刀的立式加工中心，其刀具装卸通过机械手上下和180°回转实现。在换刀前刀库先通过回转运动将所需要的下一把刀具预先旋转到换刀位置上，换刀时刀库侧刀具翻转90°、Z轴上升到换刀位，然后通过机械手的运动，便可交换刀库与主轴侧的刀具；换刀后，刀库换刀位上的刀具将被改变。

采用机械手换刀的加工中心虽然结构复杂，

图4-2-3 机械手换刀的立式加工中心

但换刀快捷；此外，由于刀库可以布置在机床侧面，其刀库容量、刀具的尺寸不受限制，因此，它是一种多刀具交换的大、中型加工中心常用的自动换刀形式。

采用机械手换刀的加工中心，其刀库布置灵活，刀具数量不受结构的限制，且还可以实现刀具预选。此外，由于它采用机械凸轮控制，动作迅捷，可大大提高换刀速度，因此，它是一种高速、高性能加工中心普遍采用的换刀方式。机械手的运动控制可通过气动、液压机械凸轮联动机构等实现，与气动、液压控制相比，机械凸轮联动换刀具有换刀迅捷、定位准确的突出优点，在加工中心上得到了广泛的应用。

换刀机械手的形式和种类繁多、结构各异，有单臂单爪回转式、单臂双爪回转式、双臂回转式、多机械手换刀等，其中以单臂双爪回转式最为常用。大型机床的刀库往往远离主轴布置，此时机械手还需要做移动运动。具体换刀动作过程如下：

（1）刀具预选。在机床加工时，根据 CNC 下一把刀的 T 指令，由回转电动机将下一把刀具回转到刀具交换位置，完成刀具的预选动作。

（2）主轴定向准停和 Z 轴运动。当 CNC 的换刀指令发出后，先进行主轴定向准停，使主轴上的定位键和刀库定位键方向一致。与此同时，Z 轴快速向上运动到换刀位置；刀座转位气缸将预选的刀具连同刀座向下翻转 90°，使刀具的轴线和主轴轴线平行。

（3）机械手回转。当 Z 轴到达换刀位置，刀库上的刀具完成 90°翻转动作后，机械手在电动机和凸轮换刀机构或其他液压、气动控制装置的驱动下回转，使两边的手爪分别夹持刀库换刀位及主轴上的刀具。

（4）卸刀。机械手完成夹刀动作后，同时松开刀库及主轴内的刀具；刀具松开后，机械手在电动机和凸轮换刀机构或其他液压、气动控制装置的驱动下伸出，刀库和主轴上的刀具被同时取出，完成卸刀动作。

（5）刀具换位。卸刀完成后，机械手在电动机和凸轮换刀机构或其他液压、气动装置的驱动下旋转 180°，进行刀库侧和主轴侧的刀具互换。

（6）装刀。刀具完成换位后，机械手在电动机和凸轮换刀机构或其他液压、气动装置的驱动下向上缩回，将刀库侧和主轴侧的刀具同时装入刀库刀座和主轴，并夹紧。

（7）机械手返回。刀库和主轴内的刀具夹紧后，机械手在电动机和凸轮换刀机构或其他液压、气动控制装置的驱动下反向旋转回到起始位置，换刀动作完成。

（8）换刀完成后，Z 轴便可向下运动进行加工，同时，刀座转位气缸将从主轴上换下的刀具连同刀座向上翻转 90°，然后根据 CNC 下一把刀的 T 指令，再次进行刀具的预选。

任务三 数控机床刀架系统安装

掌握机床刀架 PMC 程序，能根据图纸连接数控机床刀架线路。

项目四　数控机床刀架系统电气控制

 知识链接

数控机床刀架的正转和反转是由机床 PMC 进行决定的,通过对具体的经济型刀架换刀过程的梯形图介绍让大家对刀架的电气原理运用有更深一步的认识,同时能对机床刀架部分进行安装接线。

一、刀架换刀过程梯形图

1. I/O 地址分配

I/O 地址分配是分析设计梯形图的基础资料之一,对梯形图的分析尤为重要。本次分析的刀架梯形图 I/O 分配见表 4-3-1。

表 4-3-1　输入输出分配及机床信号一览

序号	地址	地址相应的作用
1	F7.0	辅助功能选通信号
2	F7.2	主轴速度功能选通信号
3	F7.3	刀具功能选通信号
4	F1.1	复位信号
5	F26	刀具功能代码信号
6	G4.3	结束信号
7	G5.2	主轴功能结束信号
8	G5.3	刀具功能结束信号
9	X3.0	1 号刀位
10	X3.1	2 号刀位
11	X3.2	3 号刀位
12	X3.3	4 号刀位
13	X3.7	刀架过载报警
14	Y2.4	刀架正转
15	Y2.5	刀架反转
16	A0.3	刀架过载报警

2. 二进制译码指令 DECB

DECB 指令可对连续 8 个 1、2 或 4 字节二进制输入数据进行译码,译码结果可以保存到指定的字节型存储器上,指令的编程格式如图 4-3-1 所示,ACT 为执行启动信号,指令的参数要求如下。

（1）形式指定：代码数据的形式为,1：1 字节长、2：2 字节长、4：4 字节长。

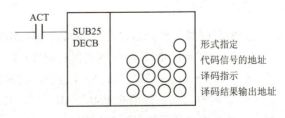

图 4-3-1　DECB 指令的编程格式

183

（2）译码信号的地址：指定（需要）进行译码的数据的起始地址。

（3）译码指示：以常数形式定义的基准数据起始值，由于 DECB 可进行连续 8 个数据（正整数）的译码，因此，如输入 00，相当于定义了 00，01，02，…，07 连续 8 个基准数据。

（4）译码结果输出地址：由译码指示指定号的译码结果被输到位 0，号 +1 的译码结果被输到位 1，号 +7 的译码结果被输到位 7。使用范例如图 4-3-2 所示。

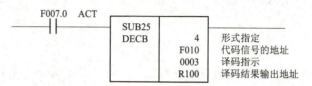
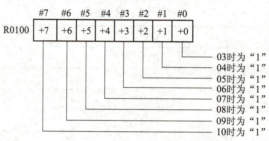

图 4-3-2 译码范例

3. 固定定时器 TMRB

固定定时器 TMRB 的使用方法和通用 PLC 的定时指令相同，其延迟时间需要在程序中直接编程，指令编程格式如图 4-3-3 所示。

（1）ACT=0：断开时间继电器；ACT=1：启动定时器。

（2）W1=1：在 ACT 接通后经过设定的时间时，输出即接通。

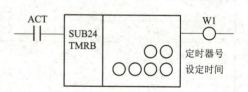

图 4-3-3 固定定时器 TMRB 的指令编程格式

（3）定时器号：1~100。

（4）设定时间：用 ms 单位的十进制数设定时间（最大 262136）。

4. 定时器 TMR

延时定时器，当经过设定的时间后，输出即接通。指令编程格式如图 4-3-4 所示。

（1）ACT=0：断开时间继电器；ACT=1：启动定时器。

（2）W1=1：在 ACT 接通后经过设定的时间时，输出即接通。

（3）定时时间：需要在 PMC PARAMETER 界面内找到 TIMER（定时器）子界面，根据相应的号，填入所需要的设定时间。

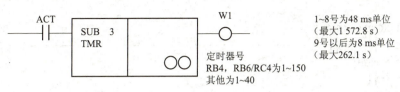

图4-3-4 定时器TMR的指令编程格式

5. 刀架梯形图

（1）T功能译码。当加工程序执行到换刀指令时，机床刀具功能选通信号F0007.3导通，将所需刀具号即F0026刀具功能代码信号进行译码处理，处理结果被存储到R0010内，如图4-3-5所示。

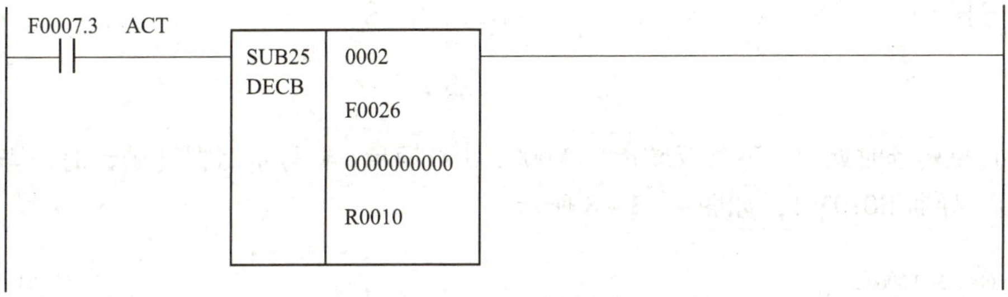

图4-3-5 T功能译码

（2）刀架正转。当所需刀具号和对应的刀位号不一致时，即R0010.0和X0003.0~X0003.3不一致时，发出刀架电动机正转输出信号Y0002.4，并通过刀架反转信号Y0002.5对其进行联锁，同时复位信号F0001.1可随时通过按下复位按钮切断刀架电动机正转输出，如图4-3-6所示。

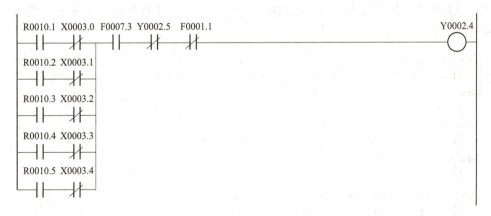

图4-3-6 刀架正转

（3）刀架反转。当刀架旋转到所需刀位时，因为X0003.0~X0003.3为常闭信号，有且只有当磁钢转到相应刀位，即转到所需刀位时，对应的X信号才会得电。因此，当转到所需刀位时，首先切断了刀架正转而输出Y0002.4，刀架电动机停止运转；其次导通R0103.0，并通过R0103.0导通刀架电动机反转信号Y0002.5并且自锁，直至刀架完成整个换刀过程，F0007.3断开，刀架反转才会停止，如图4-3-7所示。

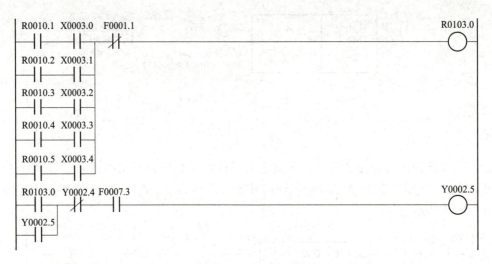

图4-3-7 刀架反转

（4）反转延时处理。刀架反转信号 Y0002.5 导通后，1 号定时器开始计时，当达到设定时间后，导通 R0103.1，如图 4-3-8 所示。

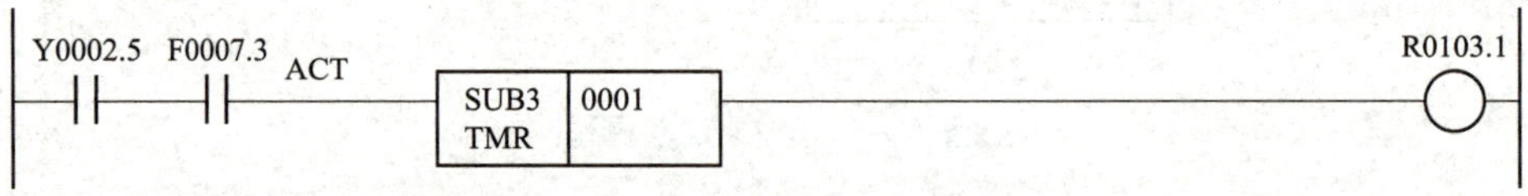

图4-3-8 反转延时处理

（5）换刀结束处理。当 R0103.1 得电后，立马导通刀具功能结束信号 G0005.3，随即导通辅助功能结束信号 G0004.3，并经过 100 ms 的延时后切断 G0004.3 的输出，表明整个换刀过程全部结束，同时将所有的辅助功能信号复位，让加工程序跳转至下一行进行加工，如图 4-3-9 所示。

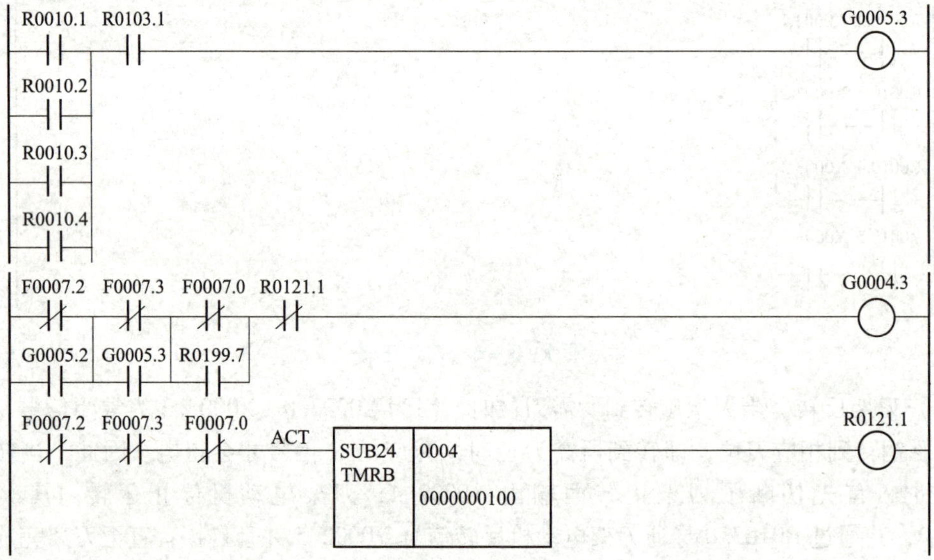

图4-3-9 换刀结束处理

（6）刀架电动机保护。当刀架电动机过载，引起断路器断路时，随即接在熔断器上辅助常开触点的 X0003.7 也立即断开，导致梯形图中的 X0003.7 的常闭触点得电，导通报警信号 A0000.3，随后会在机床屏幕上跳出相关的报警信号，提示操作工出现报警，需要解决报警，如图 4-3-10 所示。

图 4-3-10 刀架报警

二、刀架接线

刀架上接线部分不多，主要是刀架电源线以及信号线，具体如图 4-3-11 所示。

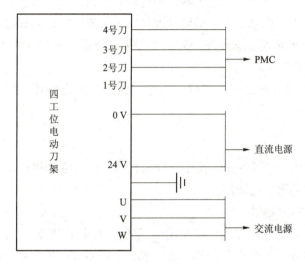

图 4-3-11 刀架端接线

24 V，0 V，1～4 号刀位线属于发信盘上的信号线，U、V、W 以及地线属于刀架电动机的电源线。

刀架发信盘上接线遵照发信盘侧边的接线要求进行接线，发信盘上接线的螺钉处有明确的标注，如 +，-，1，2，3，4，表明该处应该接什么线。常规四工位发信盘按照表 4-3-2 所示接线。

表 4-3-2 常规四工位发信盘接线

+	-	1	2	3	4
红	绿	黄	橙	蓝	白

任务实施

在识读数控车床刀架控制线路及梯形图的基础上，完成数控车床刀架控制系统电器安装接线。

一、识读刀架控制系统的电气原理图（图 4 – 2 – 1 和图 4 – 2 – 2）

二、绘制刀架控制系统的电气安装接线图

1. 电气安装图

电气安装图是用来表明电气原理图中各元器件的实际安装位置，可视电气控制系统复杂程度采取集中绘制或单独绘制。

电气元件的布置应注意以下几方面：

（1）体积大和较重的电气元件应安装在电器安装板的下方，而发热元件应安装在电器安装板的上面。

（2）强电、弱电应分开，弱电应屏蔽，防止外界干扰。

（3）需要经常维护、检修、调整的电气元件安装位置不宜过高或过低。

（4）电气元件的布置应考虑整齐、美观、对称。外形尺寸与结构类似的电器安装在一起，以利于安装和配线。

（5）电气元件布置不宜过密，应留有一定间距。如用走线槽，应加大各排电器间距，以利于布线和维修。

2. 电气接线图

电气接线图主要用于电器的安装接线、线路检查、线路维修和故障处理，通常接线图与电气原理图、元件安装图一起使用。

电气接线图的绘制原则是：

（1）各电气元件均按实际安装位置绘出，元件所占图面按实际尺寸以统一比例绘制。

（2）一个元件中所有的带电部件均画在一起，并用点画线框起来，即采用集中表示法。

（3）各电气元件的图形符号和文字符号必须与电气原理图一致，并符合国家标准。

（4）各电气元件上凡是需接线的部件端子都应绘出，并予以编号，各接线端子的编号必须与电气原理图上的导线编号相一致。

（5）绘制安装接线图时，走向相同的相邻导线可以绘成一股线。

三、元器件的选用

1. 低压断路器

低压断路器常用来做电动机的过载与短路保护。

（1）低压断路器的主要技术数据。

① 额定电压。

② 断路器额定电流。

③ 断路器壳架等级额定电流。

④ 断路器的通断能力。

⑤ 保护特性。

(2) 低压断路器的选择原则。

① 断路器额定电压等于或大于线路额定电压。

② 断路器额定电流等于或大于线路或设备额定电流。

③ 断路器通断能力等于或大于线路中可能出现的最大短路电流。

④ 欠压脱扣器额定电压等于线路额定电压。

⑤ 分励脱扣器额定电压等于控制电源电压。

⑥ 长延时电流整定值等于电动机额定电流。

⑦ 瞬时整定电流：对保护笼型感应电动机的断路器，瞬时整定电流为 8～15 倍电动机额定电流；对于保护绕线型感应电动机的断路器，瞬时整定电流为 3～6 倍电动机额定电流。

⑧ 6 倍长延时电流整定值的可返回时间等于或大于电动机实际启动时间。

2. 接触器

接触器是一种用于中远距离频繁地接通与断开交直流主电路及大容量控制电路的一种自动开关电器。

(1) 接触器的主要技术参数：极数和电流种类、额定工作电压、额定工作电流（或额定控制功率）、额定通断能力、线圈额定电压、允许操作频率、机械寿命和电寿命、接触器线圈的启动功率和吸持功率、使用类别等。

(2) 接触器的选用。

① 接触器极数和电流种类的确定。

② 根据接触器所控制负载的工作任务来选择相应使用类别的接触器。

③ 根据负载功率和操作情况来确定接触器主触点的电流等级。

④ 根据接触器主触点接通与分断主电路电压等级来决定接触器的额定电压。

⑤ 接触器吸引线圈的额定电压应由所接控制电路电压确定。

⑥ 接触器触点数和种类应满足主电路和控制电路的要求。

3. 继电器

继电器用于各种控制电路中进行信号传递、放大、转换、联锁等，控制主电路和辅助电路中的器件或设备按预定的动作程序进行工作，实现自动控制和保护的目的。

(1) 继电器的主要参数有额定参数、动作参数、整定值、返回参数、动作时间。

(2) 电磁式继电器的选用。

① 使用类别的选用。

② 额定工作电流与额定工作电压的选用。

③ 工作制的选用。

四、刀架系统的电气安装

(1) 主电路的连接。

(2) 控制电路的连接。

(3) 刀架端电源线的连接。

(4)刀架端发信盘信号线的连接。

任务评价

根据任务完成过程中的表现，填写表4-3-3。

表4-3-3 任务评价

项目	评价要素	评价标准	自我评价	小组评价	综合评价
知识准备	资料准备	参与资料收集、整理，自主学习			
	计划制订	能初步制订计划			
	小组分工	分工合理，协调有序			
任务过程	识别原理图	读懂原理图、分析工作原理			
	识别梯形图	理解梯形图、分析梯形图的工作顺序			
	绘制安装接线图	根据原理图绘制安装接线图			
	安装接线	元器件选择、接线正确、线号正确、位置正确			
	检测与故障排除	检测项目正确、分析故障现象、解决故障			
拓展能力	知识迁移	能实现前后知识的迁移			
	应变能力	能举一反三，提出改进建议或方案			
学习态度	主动程度	自主学习主动性强			
	合作意识	协作学习能与同伴团结合作			
	严谨细致	仔细认真，不出差错			
	问题研究	能在实践中发现问题，并用理论知识解决实践中的问题			
	安全规程	遵守操作规程，安全操作			

任务拓展

其他机床刀架PLC分析

一、以亚龙YL 0*i* Mate-TD数控车床实训台PLC为例，分析刀架换刀流程

刀架换刀流程如图4-3-12所示。

（1）编程刀号检查。该机床PLC从刀架位置判别开始，先检查编程刀号是否为0，如果为0，则认为程序编程错误，跳转至机床报警；如果不为0，则检查编程刀号是否大于等于7，如果是，同样认为编程出错，随后跳转至机床报警。

（2）位置判别。检查当前位置刀号是否和编程目标刀号一致，如果一致，则直接跳转至换刀结束，不进行任何刀架电动机的动作。如果不一致，则进行正常换刀步骤。

（3）正常换刀。在以上条件均满足的情况下，进行正常换刀动作，包括刀架抬起、转位、定位、刀架反转、锁紧。

（4）换刀时间检查。如果刀架一直处在旋转状态，无法找到刀位，则会触发刀架换刀时间大于等于设定时间的报警；同样，对于反转，如果换刀时间大于等于设定时间，也会触发报警，其目的是保护刀架电动机。

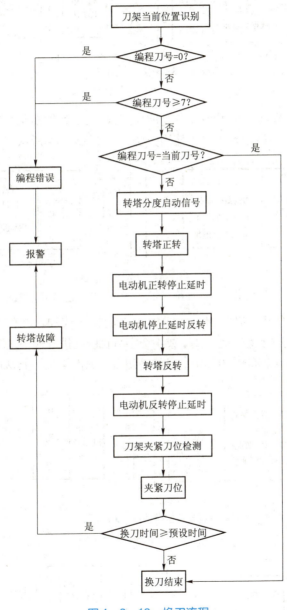

图 4-3-12　换刀流程

二、PLC 指令及 PLC 程序

（1）判别一致指令（COIN）。COIN 指令用来检查参考值与比较值是否一致，可用于检查刀库、转台等旋转体是否到达目标位置等。具体使用方法如图 4-3-13 所示。

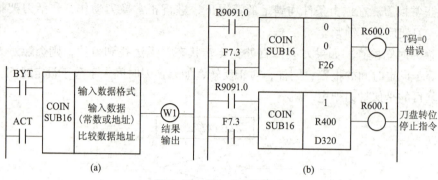

图 4-3-13 COIN 指令
（a）指令格式；（b）比较指令 COIN 的应用

（2）移位指令（MOVE）。MOVE 指令的作用是把比较数据和处理数据进行逻辑"与"运算，并将结果传输到指定地址。具体使用方法如图 4-3-14 所示。

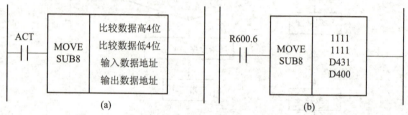

图 4-3-14 MOVE 指令
（a）指令格式；（b）逻辑"与"后数据传输指令 MOVE 的应用

（3）比较指令（COMP、COMPB）。COMP 指令的输入值和比较值为 2 位或 4 位 BCD 代码。COMPB 指令功能是：比较 1 个、2 个或 4 个字节长的二进制数据之间的大小，比较的结果存放在运算结果寄存器（R9000.0）中。具体使用方法如图 4-3-15 和图 4-3-16 所示。

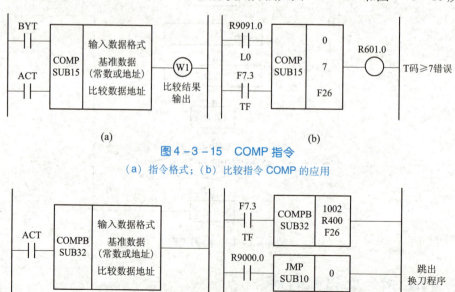

图 4-3-15 COMP 指令
（a）指令格式；（b）比较指令 COMP 的应用

图 4-3-16 COMPB 指令
（a）指令格式；（b）比较指令 COMPB 的应用

（4）机床 PLC 程序。具体程序及相关注释如图 4-3-17 所示。

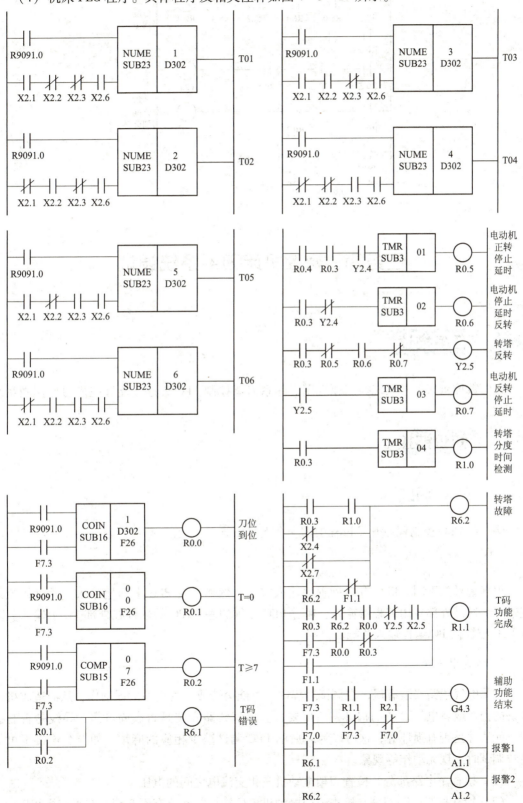

图 4-3-17　刀架 PLC 程序

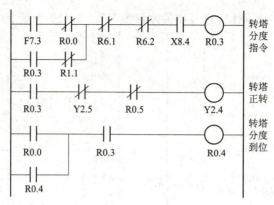

图 4-3-17 刀架 PLC 程序（续）

任务四　数控机床刀架系统调试

读懂数控机床刀架系统控制原理图，熟悉刀架控制 PLC 程序，能够完成刀架控制系统的调试。

一、PLC 调试

调试是 PLC 控制程序开发过程中的一个重要环节。

1. 输入程序

根据型号的不同，PLC 有多种程序输入方法，例如，在 PLC 上本地输入、通过数控系统输入、通过外部专用编程器输入、通过 PLC 提供的基于 PC 的软件在外部 PC 上输入。多数 PLC 都提供 PC 编程输入功能。

2. 检查电气线路

如果电气线路安装有误，在调试过程中，可能会造成电气设备的误动作，从而造成机床设备的损坏或者电气设备的损坏，所以要检查电气线路安装是否牢固可靠、导线是否有破损、元器件是否有损坏等，这可以为之后的 PLC 调试减少相应的麻烦，如导线连接不可靠导致调试时出现无动作等现象。

（1）检查主电路部分，检查刀架电动机三相交流电之间的电压。

（2）检查控制回路部分，检查刀架电动机正反转控制回路有无互锁、有无交换相序。

（3）检查报警模块，检查刀架过载报警是否有效。

（4）检查发信盘模块，检查发信盘正极和负极电压是否为 24 V。

3. 模拟调试

如前所述，PLC 处在数控系统与机床电气之间，起着承上启下的作用，如果 PLC 指令有误，即使电气线路没有错误，也有可能引起事故，损坏设备。例如主轴采用齿轮传动时，若齿轮啮合未到位，强行长时间运行主轴，有可能损坏传动齿轮。因此，在 PLC 实际应用调试前应先进行模拟调试。

模拟调试可以采用系统提供的模拟台调试，也可以在关闭系统强电的条件下模拟调试。例如，关闭主轴强电空气开关，那么调试中即使 PLC 动作有误，由于主轴电动机不会实际运转，所以也不会引起事故。

刀架输入信号检测可通过旋转发信盘，使四个工位的霍尔元件依次得电，检测输入信号是否有效。

4. 运行调试

接通相关的元器件，如断路器、熔断器等，在 CNC 上输入相关的换刀程序，检查刀架是否能按照程序进行相应的换刀动作。

5. 报警功能验证

检查刀架过载报警是否生效，断开断路器，检查系统屏幕有无刀架报警显示。

二、程序的调试方法

1. 程序的模拟调试

将程序导入 PLC 之后，首先检查 PLC 程序是否有书写错误，如有明确的错误，则会在 PLC 程序编译时有相应的提示，根据相应的提示找到对应的程序行进行修改。

将刀架对应的断路器断开，切断刀架的主电路，输入对应的换刀程序并运行，检查 PLC 内刀架正转信号是否得电，如正常得电，则说明 PLC 程序逻辑正确，如无法正常得电，检查对应的刀架正转 PLC 程序，一一检查刀架正转条件，将错误修正。使刀架正转长时间得电，检查刀架换刀超时报警是否有效，如无效，则检查对应的 PLC 程序。

在刀架正转得电的情况下，使任意一工位霍尔元件强制得电，检查刀架反转信号是否得电，如无法正常得电，检查对应的刀架反转 PLC。如正常，检查刀架反转时间是否正确；如长时间无法结束，则需检查反转设定时间是否正确，检查换刀程序结束信号 G4.3 是否得电完成。

最后检查换刀对应的刀号有无输入 CNC 中，有无错误的情况。

2. 程序的现场调试

程序的现场调试是将机床、CNC 装置、PLC 装置和编程设备连接起来进行的整机机电运行调试，可以发现和纠正顺序程序的错误，可以检查机床和电气线路的设计、制造、安装以及机电元器件品质可能存在的问题。

（1）在 MDI 方式下，输入程序 T0101，进行刀架换刀，检查刀架能否正常转动、转位及锁紧定位，如出现锁不紧等故障现象，调整刀架的机械结构，或者调整发信盘的位置，或者调整 PLC 内刀架的反转时间，根据实际情况进行微调。

（2）在自动运行方式下，检查程序内的换刀，该部分主要检查刀架的自动结束情况。当自动换刀结束后，检查程序段是否自动跳转至下一语句进行后续程序的运行。如果未能跳转，检查刀架 PLC 的结束部分语句是否存在问题，或者根据 PLC 检查因为哪些问题导致刀架 PLC 无法结束，并进行相关的改正。

在调试过程中将暴露出系统中可能存在的传感器、执行器和硬接线等方面的问题，以及 PLC 的外部接线图和梯形图程序设计中的问题，应对出现的问题及时加以解决。如果调试达不到指标要求，则对相应硬件和软件部分作适当调整。通常只需要修改程序就可能达到调整的目的。全部调试通过后，经过一段时间的考验，系统就可以投入实际运行了。

三、刀架故障分析应用实例

故障现象 1：某国产普及型数控车床，在执行换刀指令时发现刀架不能正常抬起和旋转，刀具不能交换。

故障分析：检查刀架电动机控制电路发现，如果手动按下刀架电动机的正转接触器，刀架能够正常抬起与旋转，由此可以确认电动机的强电控制电路和刀架的机械传动部件无故障。由于机床在 CNC 执行换刀指令时，刀架电动机的正转接触器不能吸合，所以故障与正转接触器的控制电路有关。进一步检查发现，该机床换刀指令使 CNC 的 TL＋信号无输出，即 Y0002.4 无输出，因此，判定故障原因在 CNC 上。

换刀使 CNC 不能正常输出 TL＋信号的原因有 CNC 接触不良、参数设定不正确等，但如果换刀时实际刀号与目标刀号一致，也将不输出 TL＋信号。由于故障前机床的工作正常，且除刀架不能正常工作外，CNC 其他功能全部正常，因此可初步判定故障最大的可能是刀位检查信号有故障。利用 CNC 的诊断参数检查发现，该刀架的所有刀位输入信号的状态均为"1"，而 CNC 的参数设定正确无误，由此确认故障原因是刀位检测开关不良。

解决办法：检查该机床的刀号连接电路无故障，因此，直接更换刀架上的发信盘（霍尔元件），机床恢复正常。

故障现象 2：某国产普及型数控车床，在换刀时发现电动刀架不能在指定的刀位停止，刀架始终旋转，经过一段时间后 CNC 发出报警。

故障分析：根据故障现象，电动刀架不能在指定的刀位停止的最大原因是刀位信号不能正常输入，导致 CNC 找不到 T 指令要求的刀具，使得刀架正转 TL＋始终保持输出，刀架连续旋转，直至出现报警。

检查 CNC 的刀位输入信号，发现所有刀位信号的输入均为"0"，这表明刀位检测信号不良，检查刀号输入连接正常，因此，故障原因应与刀架上的刀号检测开关有关。

解决办法：经检查，本机床刀架发信盘上的"－"脱落，重新连接后机床恢复正常。

项目四　数控机床刀架系统电气控制

完成数控车床刀架系统的调试

一、刀架系统的调试过程

（1）检查接线，核对地址。要逐点进行，要确保正确无误。可采用电阻法进行检查，时间较长，测量较多。也可用电压法进行检查，优点是检查较快，缺点是操作必须正确、危险性较高。

（2）检查 I/O 信号。看 I/O 信号是否正确，I/O 模块工作是否正常。

（3）检查发信盘。检查发信盘上信号线及"＋""－"是否正常，24 V 电源是否正常。

（4）检查 PLC。完成了以上调试，可以进行 PLC 相关的检查。首先检查 PLC 相关程序的顺序有无出错，注意前后的顺序。

（5）程序调试。如系统可自动工作，那么调试自动工作能否实现。调试时可一步步推进，直至完成整个控制周期。哪个步骤或环节出现问题，就着手解决哪个步骤或环节的问题。

（6）异常条件检查。完成上述所有调试，整个调试基本也就完成了。但是最好再进行一些异常条件检查。看看出现异常情况或一些难以避免的非法操作，是否会停机保护或是报警提示。

二、刀架系统调试

（1）自动模式下能实现刀架的相关功能。

检验程序：

T0100；（更换 1 号刀）

M04 X10；（暂停 10 s，检查是否反转锁紧）

T0200；（更换 2 号刀）

M04 X10；（暂停 10 s，检查是否反转锁紧）

T0300；（更换 3 号刀）

M04 X10；（暂停 10 s，检查是否反转锁紧）

T0400；（更换 4 号刀）

M04 X10；（暂停 10 s，检查是否反转锁紧）

M30；（程序结束）

（2）刀架正反转方向正确，定位锁紧可靠，检查报警是否生效。

三、注意事项

1. 通电许可

未经允许，严禁组内同学私自上电；电气组装完成后，经组长和指导教师分别检测确认后，方可通电调试。

2. 组长负责制

组长记录任务实施中发现的问题；分派小组成员职责，通力协作完成任务。

3. 整理

工具、材料使用完毕后及时整理，摆放整齐。

根据任务完成过程中的表现，填写表 4-4-1。

表 4-4-1 任务评价

项目	评价要素	评价标准	自我评价	小组评价	综合评价
知识准备	资料准备	参与资料收集、整理，自主学习			
	计划制订	能初步制订计划			
	小组分工	分工合理，协调有序			
任务过程	副柜连接	将自己安装的副柜与主柜连接，机床开机			
	PLC 调试	导入刀架 PLC 程序			
	刀架程序调试	在自动方式下进行刀架换刀			
	报警调试	调试刀架 PLC 报警部分，检查报警是否生效			
	故障解决	分析故障现象、查找故障原因、解决故障点			
拓展能力	知识迁移	能实现前后知识的迁移			
	应变能力	能举一反三，提出改进建议或方案			
学习态度	主动程度	自主学习主动性强			
	合作意识	协作学习能与同伴团结合作			
	严谨细致	仔细认真，不出差错			
	问题研究	能在实践中发现问题，并用理论知识解决实践中的问题			
	安全规程	遵守操作规程，安全操作			

任务拓展

刀架常见故障及处理

国产普及型数控车床广泛使用电动刀架作为自动换刀装置,电动刀架由于本身的结构简单、零部件少,其故障诊断与维修相对容易。从实际使用的情况来看,电动刀架的故障以使用不当、连接不正确及刀位检测装置霍尔元件损坏的情况居多,而机械部件发生损坏与故障的情况不常见。表4-4-2所示为电动刀架常见故障及处理方法。

表4-4-2 电动刀架常见故障及处理方法

故障现象	故障原因	排除方法
刀架不能旋转	电动机和蜗杆的联轴器连接不良	检查联轴器连接
	蜗杆轴承损坏	检查、维修或更换蜗杆轴承
	球头销卡死	检查球头销和弹簧
	电动机转向错误	交换电动机相序,改变转向
	电动机缺相	确保电气连接正确
	CNC的刀架正转信号不能正常输出	检查CNC参数设定和刀位检测信号
	电动机损坏	检查、维修或更换电动机
刀架不能锁紧或定位不准	电动机和蜗杆的联轴器连接不良	检查联轴器连接
	粗定位销卡死	检查定位销和弹簧
	反转延时时间过短	延长反转锁紧时间
	电动机不能反转	检查电气线路

项目五 数控机床辅助系统控制

知识目标

1. 认知数控机床常见辅助系统；
2. 掌握数控机床冷却系统的组成及其控制电路图分析和程序编写知识。

技能目标

1. 掌握数控机床冷却系统控制安装技能；
2. 掌握数控机床冷却系统控制调试技能；
3. 辨认不同类型数控机床的电气原理图、电气接线图，掌握各部分分区位置及功能知识；
4. 根据电气原理图，在现场找出数控电气元件的安装位置并识别不同的电气元件与接线。

任务一 数控机床常见辅助系统认知

任务描述

认知数控机床常见的辅助系统，掌握其组成及其工作原理知识，能够掌握其类型与应用场合。

知识链接

数控机床的辅助系统是指数控机床的一些必要的配套部件，用以保证数控机床的运行。

数控机床常见辅助系统主要有自动换刀系统（ATC）、液压和气压系统、冷却系统、润滑系统、排屑系统、夹具系统、加工中心的工作台交换系统（APC）及数控车床的自动送料系统等。

一、自动换刀系统

自动换刀系统简称 ATC，是加工中心的重要部件，由它实现零件工序之间连续加工的换刀要求，即在每道工序完成后自动将下一道工序所用的新刀具更换到主轴上，从而保证加工中心工艺集中的工艺特点。刀具的交换一般通过机械手、刀库及机床主轴的协调动作共同完成。

带刀库和自动换刀装置的数控机床，其主轴箱和转塔主轴头相比较，由于主轴箱内只有一个主轴，主轴部件具有足够的刚度，因而能够满足各种精密加工的要求。另外，刀库可以存放数量很多的刀具，以进行复杂零件的多工步加工，可明显提高数控机床的适应性和加工效率。自动换刀系统特别适用于加工中心。

1. 组成

自动换刀系统一般由刀库和机械手组成。不同机床的自动换刀系统可能不同，这正是体现机床特色的部分。

1）刀库

刀库，顾名思义，是存放刀具的仓库，就是把加工零件所用的刀具都存放在这里，在加工过程中由机械手抓取。刀库形式主要有盘式刀库和链式刀库两种。

（1）盘式刀库：盘式刀库通常应用在小型立式综合加工机上。盘式刀库结构简单，刀库容量一般为 15～30 把刀，价格低，装配调试方便，维护简单，需搭配自动换刀机构 ATC 进行刀具交换，如图 5-1-1 所示。

（2）链式刀库：刀库容量较大，可以装载 100 把刀具，甚至更多。链式刀库容量较大，主要是因为箱体类零件加工内容多，使用刀具的数量也就相应增加，如图 5-1-2 所示。

图 5-1-1 盘式刀库

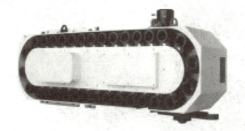
图 5-1-2 链式刀库

2）机械手

机械手的形式有单臂、双臂等多种，有的加工中心甚至没有机械手，而通过刀库和主轴的相对运动实现换刀。机械手如图 5-1-3 所示，机械手换刀如图 5-1-4 所示。

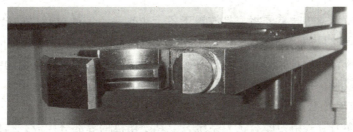
图 5-1-3 机械手

图 5-1-4 机械手换刀

2. 换刀方式

根据实现原理的不同,自动换刀有回转刀架换刀、更换主轴头换刀、带刀库自动换刀等方式。

1) 回转刀架换刀

回转刀架换刀的工作原理类似于分度工作台,通过刀架定角度回转实现新旧刀具的交换。四工位回转电动刀架如图 5-1-5 所示,六工位电动刀架如图 5-1-6 所示。

图 5-1-5 四工位回转电动刀架

图 5-1-6 六工位电动刀架

2) 更换主轴头换刀

更换主轴头换刀方式时首先将刀具放置于各个主轴头上,通过转塔的转动更换主轴头,从而达到更换刀具的目的,如图 5-1-7 所示。这种方式设计简单,换刀时间短,可靠性高。其缺点是储备刀具数量有限,尤其是更换主轴头换刀方式的主轴系统的刚度较差,所以仅仅适应于工序较少、精度要求不太高的机床。

3) 带刀库自动换刀

带刀库自动换刀方式由刀库、选刀系统、刀具交换机构等部分构成,结构较复杂。该方式虽然有换刀过程动作多、设计制造复杂等缺点,但由于其自动化程度高,因此在加工工序

项目五　数控机床辅助系统控制

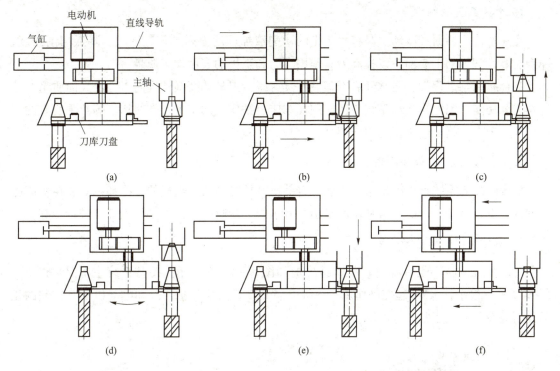

图 5-1-7　更换主轴头换刀

比较多的复杂零件时，被广泛采用。

换刀方式及其特点、使用范围详见表 5-1-1。

表 5-1-1　换刀方式及其特点、使用范围

类别、方式		特点	使用范围
转塔式	回转刀架	多为顺序换刀，换刀时间短，结构紧凑，容纳刀具较少	各种数控车床、数控车削加工中心
	转塔头	顺序换刀，换刀时间短，结构紧凑，刀具主轴都集中在转塔头上，刚性差，刀具主轴数受限制	数控钻床、数控镗床、数控铣床
刀库式	刀具与主轴之间直接换刀	换刀运动集中，运动部件少，刀库容量受限制	数控镗床、立式数控铣床、卧式数控加工中心
	机械手配合刀库进行换刀	刀库只完成选刀运动，机械手实现换刀动作，刀库容量大	

二、冷却系统

数控机床的冷却系统主要用于在切削过程中冷却刀具与工件，同时也起冲屑作用。为了获得较好的冷却效果，冷却泵打出的切削液需要通过刀架或主轴前的喷嘴喷出直接冲向刀具与工件的切削发热处。冷却泵的开、停由数控系统中的辅助指令 M08、M09 来分别控制。

1. 冷却系统的作用

冷却系统主要通过冷却水泵将水箱中的切削液加压后喷射到切削区域，降低切削温度，冲走切屑，润滑加工表面，以提高刀具使用寿命和工件的表面加工质量。

在金属切削过程中，通常开启冷却液，具有减缓刀具的磨损、提高工件的表面质量、冲洗切屑等功能。因此，冷却系统广泛应用在车床、铣床、加工中心、线切割等几乎所有的金属切削机床上，是机床重要的组成部分。

2. 冷却系统的组成及原理

机床的冷却系统是由冷却泵、水管、电动机及控制开关等组成的，冷却泵安装在机床底座的内腔里，冷却泵将冷却液从底座打出，经水管，从喷嘴喷出，对切削部分进行冷却。

3. 冷却系统的核心及控制

冷却系统的核心是冷却电动机，其外形如图 5-1-8 所示，冷却系统主电路如图 5-1-9 所示，接触器 KM4 起控制作用，热继电器 FR2 起过载保护。冷却电动机及其控制的正常与否是冷却系统正常工作的基础。

图 5-1-8 冷却电动机外形

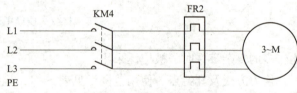
图 5-1-9 冷却系统主电路

数控系统通过 PLC 程序输入输出点 Y1.1，控制中间继电器线圈 KA5 的通电（图 5-1-10），利用中间继电器触点的通断电控制接触器 KM4 的线圈得电（图 5-1-11），进而控制冷却电动机的通断电。因此，冷却电动机控制电路是通过控制面板的冷却按钮及 PLC 程序实现单按钮启停控制的电路。

图 5-1-10 PLC 输出信号图   图 5-1-11 冷却系统局部控制电路

三、液压与气动系统

液压与气动系统是辅助实现整机自动运行功能的主要装置。

数控机床中的液压与气压系统有：

（1）自动换刀所需的动作。

（2）主轴箱的平衡、主轴箱齿轮的变挡以及回转工作台的夹紧等。

(3) 机床润滑与冷却。

(4) 工件、刀具定位面和交换工作台的自动吹屑，清理定位基准面等功能。

(5) 机床安全防护门的开关。

四、润滑系统

数控机床的润滑系统在机床整机中占有十分重要的位置，它不仅具有润滑作用，而且还有冷却作用，可以减小机床热变形对加工精度的影响。润滑系统的设计、调试和维修保养，对于保证机床加工精度、延长机床使用寿命等都具有十分重要的意义。

数控机床上常用的润滑有油脂润滑和油液润滑两种方式。油脂润滑是数控机床的主轴支承轴承、滚珠丝杠支承轴承及低速滚动线导轨最常采用的润滑方式；高速滚动直线导轨、贴塑导轨及变速齿轮等多采用油液润滑方式；丝杠螺母副有采用油脂润滑的，也有采用油液润滑的。

1. 油脂润滑

油脂润滑不需要润滑设备，工作可靠，不需要经常添加和更换润滑脂，维护方便，但摩擦阻力大。支承轴承油脂的封入量一般为润滑空间容积的10%，滚珠丝杠螺母副油腊封入量一般为其内部空间容积的1/3。封入的油脂过多，会加剧运动部件的发热。采用油脂润滑时，必须在结构上采取有效的密封措施，以防止因冷却液或润滑油流入而使润滑脂失去功效。

2. 油液润滑

1）集中润滑系统的特点

数控机床的油液润滑一般采用集中润滑系统，即从一个润滑油供给源把一定压力的润滑油，通过各主、次油路上的分配器，按所需油量分配到各润滑点。同时，系统具备对润滑时间、次数的监控和故障报警以及停机等功能，以实现润滑系统的自动控制。集中润滑系统的特点是定时、定量、准确、高效，使用方便可靠，润滑剂不被重复使用，有利于提高机床使用寿命。

2）集中润滑系统的分类

集中润滑系统按润滑泵的驱动方式不同，可分为手动供油和自动供油系统；按供油方式不同，可分为连续供油系统和间歇供油系统；连续供油系统在润滑过程中产生附加热量，且因过量供油而造成浪费和污染，往往得不到最佳的润滑效果。间歇供油系统是周期性定量对各润滑点供油，使摩擦副形成和保持适量润滑油膜。目前，数控机床的油液润滑系统一般采用间歇供油系统。

集中润滑系统按使用的润滑元件不同，可分为容积式润滑系统、阻尼式润滑系统、递进式润滑系统和油气式润滑系统。

(1) 容积式润滑系统：该系统以定量阀为分配器向润滑点供油，在系统中配有压力继电器，使系统油压达到预定值后发出信号，使电动机延时停止，润滑油从定量分配器供给，系统通过换向阀卸荷，并保持一个最低压力，使定量阀分配器补充润滑油，电动机再次启动,重复这一过程,直至达到规定的润滑时间。该系统压力一般在50 MPa以下,润滑点可达几百个,其应用范围广、性能可靠,但不能作为连续润滑系统。

定量阀的结构原理是:由上、下两个油腔组成,在系统的高压下将油打到润滑点,在低压时,靠自身弹簧复位和碗形密封将存于下腔的油压入位于上腔的排油腔,排量为0.1~1.6 mL,并可按实际需要进行组合。图5-1-12所示为容积式润滑系统。

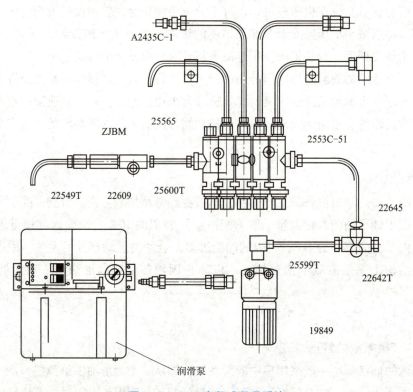

图5-1-12 容积式润滑系统

(2)阻尼式润滑系统:该系统适合于机床润滑点需油量相对较少,并需周期供油的场合。它是利用阻尼式分配器,把泵打出的油按一定比例分配到润滑点。一般用于循环系统,也可以用于开放系统,可通过控制时间来控制润滑点的油量。该润滑系统非常灵活,多一个润滑点或少一个都可以,并可由用户安装,且当某一点发生堵塞时,不影响其他点的使用,故应用十分广泛。图5-1-13所示为阻尼式润滑系统。

(3)递进式润滑系统:该系统主要由泵站、递进式分流器组成,并可附加控制装置加以监控。其特点是能对任一润滑点的堵塞进行报警并终止运行,以保护设备;定量准确、压力高,不但可以使用稀油,而且还适用于使用油脂润滑的情况。润滑点可达100个,压力可达21 MPa。

递进式分流器由一块底板、一块端板及最少三块中间板组成。一组阀最多可有8块中间板,可润滑18个点。其工作原理是由中间板中的柱塞从一定位置起依次动作供油,若某一点产生堵塞,则下一个出油口就不会动作,因而整个分流器停止供油。堵塞指示器可以指示堵塞位置,便于维修。图5-1-14所示为递进式润滑系统。

206

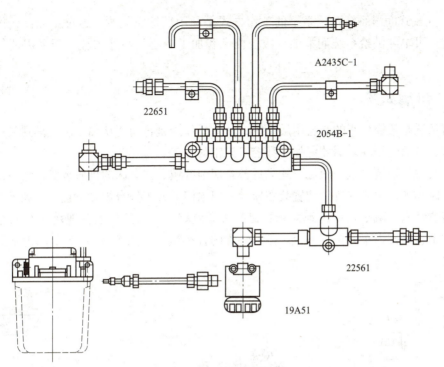

图 5-1-13 阻尼式润滑系统

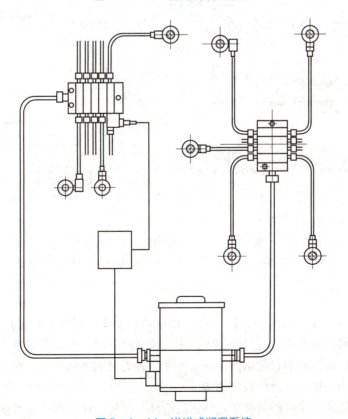

图 5-1-14 递进式润滑系统

(4)油气式润滑系统:该系统的工作方式是利用压缩空气泵,通过分配器,供给润滑部位油气。可单纯供给系统润滑油。数控机床和加工中心的高速主轴适于采用油气式润滑系统。

五、排屑系统

排屑系统是数控机床的必备附属系统,其主要作用是将切屑从加工区域排到数控机床之外。迅速、有效地排除切屑才能保证数控机床正常加工。

排屑装置的安装位置一般尽可能靠近刀具切削区域。如车床的排屑装置,装在回转工件下方;铣床和加工中心的排屑装置装在床身的回水槽上或工作台边侧位置,以利于简化机床或排屑装置结构,减小机床占地面积,提高排屑效率。排出的切屑一般落入存屑箱或小车中,有的则直接排入车间排屑系统。排屑装置的种类繁多,图 5-1-15 所示为常见的几种排屑装置。

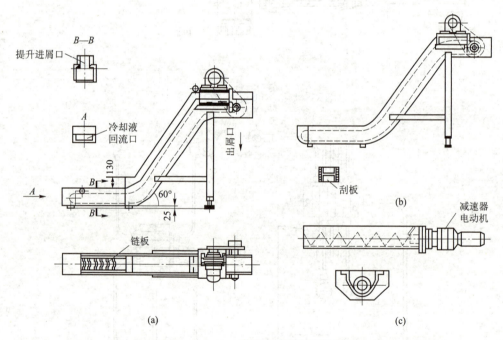

图 5-1-15 常见的几种排屑装置

(a)平板链式排屑装置;(b)刮板式排屑装置;(c)螺旋式排屑装置

1. 平板链式排屑装置

平板链式排屑装置[图 5-1-15(a)]以滚动链轮牵引钢制平板链带在封闭箱中运转,加工中的切屑落到链带上,经过提升将废屑中的切削液分离出来,切屑排出机床,落入存屑箱。这种装置能排除各种形状的切屑,适应性强,各类机床都能采用。在车床上使用时多与机床切削液箱合为一体,以简化机床结构。

平板链式排屑装置是一种具有独立功能的附件。接通电源之前应先检查减速器润滑油是否低于油面线,如果不足,应加入 40 号全损耗系统用油至油面线。电动机启动后,应立即检查链轮的旋转方向是否与箭头所指方向相符,如不符,应立即改正。

排屑装置链轮上装有过载熔断离合器，在出厂调试时已做了调整。如电动机启动后，发现摩擦片有打滑现象，应立即停止开动，检查链带是否被异物卡住或其他原因。等原因弄清后，可再次启动电动机，如能正常运转，则说明故障已排除；如不能顺利运转，则可从以下两方面找原因：

（1）摩擦片的压紧力是否足够。先检查碟形弹簧的压缩量是否在规定的数值之内；碟形弹簧自由高度为 8.5 mm，压缩量应为 2.6~3 mm，若在这些数值范围之内，则说明压紧力已足够；如果压缩量不够，则可均衡地调紧 3 只 M8 压紧螺钉。

（2）若压紧后还是继续打滑，则应全面检查卡住的原因。

2. 刮板式排屑装置

刮板式排屑装置［图 5-1-15（b）］的传动原理与平板链式排屑装置的传动原理基本相同，只是链板不同，它带有刮板链板。这种装置常用于输送各种材料的短小切屑，排屑能力较强。因负载大，故需采用较大功率的驱动电动机。

3. 螺旋式排屑装置

螺旋式排屑装置［图 5-1-15（c）］是采用电动机经减速装置驱动安装在沟槽中的一根长螺旋杆进行排屑。螺旋杆转动时，沟槽中的切屑即由螺旋杆推动连续向前运动，最终排入存屑箱。螺旋杆有两种形式：一种是用扁形钢条卷成螺旋弹簧状；另一种是在轴上焊上螺旋形钢板。这种装置占据空间小，适于安装在机床与立柱间空隙狭小的位置上。螺旋式排屑装置结构简单，排屑性能良好，但只适于沿水平或小角度倾斜直线方向排运切屑，不能大角度倾斜、提升或转向排屑。

以数控车床为例，找出数控机床中的常见辅助系统

学生参观数控车床，了解其组成和工作原理，并进一步寻找其辅助系统的组成及类型等。具体实施步骤如下：

（1）寻找冷却系统。
（2）寻找液压和气压系统。
（3）寻找润滑系统。
（4）寻找排屑系统。
（5）寻找自动换刀系统。
（6）寻找其他辅助系统。

根据任务完成过程中的表现，填写表 5-1-2。

表 5-1-2 任务评价

项目	评价要素	评价标准	自我评价	小组评价	综合评价
知识准备	资料准备	参与资料收集、整理，自主学习			
	计划制订	能初步制订计划			
	小组分工	分工合理，协调有序			
任务过程	寻找冷却系统	操作正确，熟练程度			
	寻找液压和气压系统	操作正确，熟练程度			
	寻找润滑系统	操作正确，熟练程度			
	寻找自动换刀系统	操作正确，熟练程度			
	寻找其他辅助系统	操作正确，熟练程度			
拓展能力	知识迁移	能实现前后知识的迁移			
	应变能力	能举一反三，提出改进建议或方案			
学习态度	主动程度	自主学习主动性强			
	合作意识	协作学习能与同伴团结合作			
	严谨细致	仔细认真，不出差错			
	问题研究	能在实践中发现问题，并用理论知识解决实践中的问题			
安全规程		遵守操作规程，安全操作			

 任务拓展

工业机械手

工业机械手是模仿人的手部动作，按给定程序实现自动抓取、搬运和操作的自动装置。

机械手一般由执行机构、驱动机构、控制系统和检测装置等组成，智能机械手还具有感觉系统和智能系统。

一、组成

工业机械手主要由执行机构、驱动机构、控制系统和机座四部分组成。

1. 执行机构

执行机构包括以下部分：

（1）手爪：它是直接抓取（夹紧或放松）工件（或工具）的构件。常用的有钳爪式、吸盘式和万能式。

（2）手腕：它是连接手爪和手臂的构件，起支持手爪和扩大手臂动作范围的作用。它可以实现回转与摆动运动。有时，也可采用无手腕动作的机械手。

（3）手臂：它是支承手腕、手爪的构件。一般可实现伸缩、升降及回转摆动等运动。

（4）立柱：它是支承手臂等构件的装置，一般是固定不动的，因工作需要也有做横向移动的，常称可移动立柱。

(5) 行走机构：它是机械手能完成远距离操作的装置，由滚轮和导轨或多杆机构组成。

2. 驱动机构

驱动机构是驱动手臂、手腕、手爪等构件的动力装置，通常有气动、液压和电动三种形式。

3. 控制系统

控制系统是支配机械手按规定程序运动的装置。它必须具备保存或记忆指令信息（如动作顺序、到达位置和时间信息）的功能；能及时测量及处理信息，对机械手的执行机构发出控制指令，必要时还可发出故障报警。

4. 机座

机座是安装机械手执行机构、驱动机构等的基础部件。

二、规格

工业机械手的规格参数是说明机械手规格和性能的具体指标，一般包括以下几个方面：

(1) 抓重（又称臂力）：额定抓取重力或称额定负荷，单位为 N（必要时注明限定运动速度下的抓重）。

(2) 自由度数目和坐标形式：机身、臂部和腕部等运动共有几个自由度，并说明坐标形式。

(3) 定位方式：固定机械挡块、可调机械挡块、行程开关、电位器及其他各种位置设定和检测装置；各自由度所设定的位置数目或位置信息容量；点位控制或连续轨迹控制。

(4) 驱动方式：气动、液动、电动或机械传动。

(5) 臂部运动参数：伸缩、升降、横移、回转、俯仰的位移范围和速度。

(6) 腕部运动参数：回转、上下摆动、左右摆动、横移的位移范围和速度。

(7) 手指夹持范围和握力（即夹紧力或吸力）。

(8) 定位精度：位置设定精度及重复定位精度（±mm）。

(9) 程序编制方法及程序容量：如插销板、二极管矩阵插销板、一位机可编过程控制、多位机控制以及示教存储等。

(10) 接收信号、发送信号及联锁控制信号数目满足使用要求。

(11) 控制系统动力：电、气。

(12) 驱动源：气动的气压大小；液压的使用压力、油泵规格、电动机功率；电动的电动机类型、规格。

(13) 轮廓尺寸：长(mm)×宽(mm)×高(mm)。

(14) 质量：整机质量（kg）。

三、特点

工业机械手满足了社会生产的需要，并带来了经济收益。其特点包括：

(1) 对环境的适用性强，能代替人从事危险、有害的操作，在长时间工作对人体有害的场所，机械手不受影响。只要根据工件环境进行合理设计，选用适当的材料和结构，机械手就可以在异常高温或低温、异常压力和有害气体、粉尘、放射线作用下工作。

（2）机械手能持久、耐劳，可以把人从繁重单调的劳动中解放出来，并能扩大和延伸人的功能。只要对机械手注意维护、检修，即能胜任长时间的单调重复劳动。

（3）动作准确，可保证和提高产品的质量，同时可避免人为的操作错误。

（4）通用性、灵活性好，特别是通用工业机械手，能适应产品品种迅速变化的要求，满足柔性生产的需要。这是因为机械手动作程序和运动位置（或轨迹）能灵活改变，具有众多的自由度，能迅速改变作业内容，满足生产要求。作为中、小批量生产自动化最能发挥其效用。

（5）采用机械手能明显地提高劳动生产率和降低成本。

四、分类

1. 按使用范围分类

1）专用机械手

它是附属于主机，具有固定（有时可调）程序而无独立控制系统的机械装置。专用机械手具有动作少、工作对象单一、结构简单、工作可靠等特点，适用于大批量自动化生产。目前在轻工、电子行业得到广泛应用。

2）通用机械手

它是一种具有独立控制系统、程序可变、动作灵活多样的机械手。通用机械手的工作范围大，定位精度高，通用性强，适用于不断变换生产品种的中、小批量自动化生产，在柔性自动生产线中得到广泛应用。

2. 按驱动方式分类

1）机械传动机械手

它是由机械传动机构（凸轮、连杆、齿轮、齿条等）驱动执行机构运动的机械手。它的主要特点是运动准确可靠、动作频率高，但结构尺寸较大，动作程序不可变。一般用作自动机的上料或卸料装置。

2）液压传动机械手

它是以油液的压力来驱动执行机构运动的机械手。抓重能力大，结构小巧轻便，传动平稳，动作灵便，可无级调速，进行连续轨迹控制。但因油的泄漏对工作性能影响较大，故它对密封装置要求严格，且不宜在高温或低温下工作。

3）气压传动机械手

它是利用压缩空气的压力来驱动执行机构运动的机械手。其主要特点是介质来源方便，气压传动动作迅速，结构简单，成本低，能在高温、高速和粉尘大的环境中工作。但由于空气具有可压缩的特性，工作速度的稳定性较差，且因气源压力低，只宜在轻载下工作。

4）电力传动机械手

它是由特殊设计的电动机、直线电动机或步进电动机直接驱动执行机构运动的机械手。因无须中间转换机构，故结构简单，其中直线电动机机械手的运动速度快、行程长、使用和维护方便。目前机械设计正朝"机电一体化"方向发展，采用电力直接驱动机械手的情况将日益增多。

五、应用

工业机械手在工业生产中的应用极为广泛，大致有以下几方面：

（1）实现单机自动化：各类半自动机床的自动上、下料。

（2）组成自动生产线：在单机自动化的基础上，自动装卸和输送工件，可以使一些单机连接成自动生产线。

（3）特殊工作环境：如高温（热处理、锻造、铸造等）、有毒有害、星际探索、海底资源开发等环境需要采用机械手（或自动或遥控）代替人进行作业。

任务二　数控机床冷却系统控制分析

认知数控机床的冷却系统控制，能进行冷却系统控制分析，并掌握其工作原理。

在金属切削过程中，通常开启冷却液，冷却液具有减缓刀具磨损、提高工件表面质量、冲洗切屑等功能。

因此，冷却系统广泛应用在车床、铣床、加工中心、线切割等几乎所有的金属切削机床上，是机床重要的组成部分。

数控机床冷却系统的控制是由数控系统中的 PLC 来实现的。冷却按键作为输入信号连接数控系统，此信号经过 PLC 处理后控制数控系统输出一个冷却输出信号，此输出信号连接电气柜中的继电器线圈，继电器触点控制一个交流接触器线圈的吸合，此交流接触器的触点又来接通或者断开冷却泵电动机的动力线。按一次冷却按键，冷却泵通电；再按一次冷却按键，冷却泵停止。循环往复。

一、PLC 简介

可编程序控制器（Programmable Controller，PC），为了不与个人计算机（也简称 PC）混淆，通常将可编程序控制器称为 PLC。它是在电器控制技术和计算机技术的基础上开发出来的，并逐渐发展成为以微处理器为核心，把自动化技术、计算机技术、通信技术融为一体的新型工业控制装置。

目前，PLC 已被广泛应用于各种生产机械和生产过程的自动控制中，成为一种最重要、应用场合最多的工业控制装置，并被公认为现代工业自动化的三大支柱（PLC、机器人、CAD/CAM）之一。

与一般微机控制系统最大的区别是，PLC 必须具有很强的抗干扰能力、广泛的适应能力和广阔的应用范围。

二、PLC 的基本结构

PLC 也是由硬件系统和软件系统两大部分组成的。PLC 硬件系统的基本结构如图 5-2-1 所示。

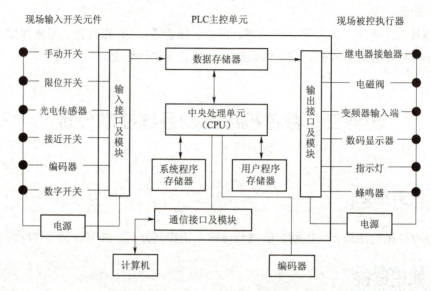

图 5-2-1　PLC 硬件系统的基本结构示意

PLC 的软件系统则包括系统软件和用户应用软件。

从广义上讲，可编程序控制器实质上是一种专用工业控制计算机，只不过比一般的计算机具有更强的与工业过程相连接的接口，以及具有更直接的适用于工业控制要求的编程语言。

三、PLC 的工作原理

1. PLC 的工作过程

PLC 上电后，就在系统程序的监控下，周而复始地按一定的顺序对系统内部的各种任务进行查询、判断和执行，这个过程实质上是按顺序循环扫描的过程。执行一个循环扫描过程所需的时间称为扫描周期，其典型值为 1～100 ms。PLC 的工作过程如图 5-2-2 所示。

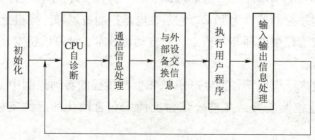

图 5-2-2　PLC 的工作过程

2. 用户程序的循环扫描过程

PLC 的工作过程与 CPU 的操作模式有关。CPU 有两个操作模式：STOP 模式和 RUN 模式。在扫描周期内，STOP 模式和 RUN 模式的主要差别是：RUN 模式下执行用户程序，而在 STOP 模式下不执行用户程序。PLC 对用户程序进行循环扫描可分为三个阶段进行，即输入采样阶段、程序执行阶段和输出刷新阶段。

四、PLC 控制程序的设计

1. PLC 程序设计方法

1）PLC 的编程语言

国际电工委员会（IEC）于 1994 年 5 月公布了可编程序控制器语言标准（IEC61131 - 3），详细地说明了句法、语义和下述 5 种编程语言：

（1）顺序功能图（Sequential function chart）。

（2）梯形图（Ladder diagram）。

（3）功能块图（Function block diagram）。

（4）指令表（Instruction list）。

（5）结构文本（Structured text）。

该标准中有两种图形语言——梯形图（LD）和功能块图（FBD）；还有两种文字语言——指令表（IL）和结构文本（ST）；顺序功能图（SFC）是一种结构块控制程序流程图。

梯形图是使用最多的图形编程语言，有 PLC 第一编程语言之称。梯形图采用类似于继电器触点、线圈的图形符号，容易理解和掌握。梯形图常被称为程序，梯形图的设计称为编程。梯形图也很适合于开关量逻辑控制。本教材也采用梯形图进行程序的编制。

2）PLC 程序设计步骤

图 5 - 2 - 3 所示为 PLC 控制系统设计与调试的一般步骤。

2. PLC 程序的模块化设计

机床的 PLC 控制程序可分为 7 个模块，即公用程序模块、主轴模块、坐标轴控制模块、润滑控制模块、自动换刀模块、报警模块和冷却控制模块。

3. 输入输出分配

I/O 分配表是设计梯形图程序的基础资料之一，也是设计 PLC 控制系统时必须首先完成的工作，会给 PLC 系统软件设计和系统调试带来很多方便。

在编制 I/O 分配表时，同类型的输入点或输出点尽量集中在一起，连续分配。本次程序开发所用 I/O 分配表如表 5 - 2 - 1 所示。

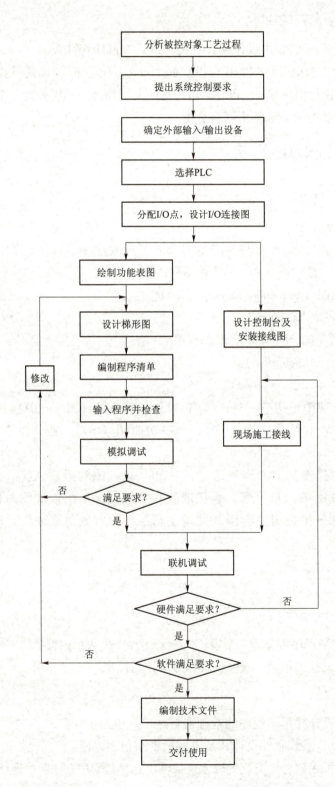

图 5-2-3　PLC 控制系统设计与调试的一般步骤

表 5-2-1　输入输出设备与 PLC 输入输出端子分配一览

输入端		输出端	
输入设备	输入端子号	输出	输出端子号
旋钮开关	X0 ~ X13	循环启动	Y0
循环启动按钮	X14	进给保持	Y1
进给保持按钮	X15	单段	Y2
单段按钮	X16	机床锁住	Y3
机床锁住按钮	X17	快进	Y4
主轴正转按钮	X20	主轴正转	Y5
主轴反转按钮	X21	主轴反转	Y6
主轴停按钮	X22	主轴停	Y7
X 向退按钮	X23	X 向退	Y10
X 向进按钮	X24	X 向进	Y11
Z 向退按钮	X25	Z 向退	Y12
Z 向进按钮	X26	Z 向进	Y13
快进按钮	X27	NC 报警	Y14
急停按钮	X30	超程报警	Y15
超程解除按钮	X33	X 回参考点	Y16
Z 正向行程开关	X34	Z 回参考点	Y17
Z 反向行程开关	X35	进行润滑	Y20
X 正向行程开关	X36	润滑故障报警	Y21
X 反向行程开关	X37	换刀完成	Y22
冷却开按钮	X40	刀架正转	Y23
冷却关按钮	X41	驱动指示	Y24
润滑电动机启动按钮	X42	冷却开	Y25
润滑油路压力继电器	X43	X 轴驱动使能	Y26
1 ~ 4 号刀到位	X44 ~ X47	Z 轴驱动使能	Y27
换刀按钮	X50		

4. 梯形图程序设计

一般在程序开发过程中采用 FXGP_WIN-C 编程软件。FXGP_WIN-C 是在 Windows 操作系统下运行的 FX 系列 PLC 的专用编程软件，操作界面简单方便，在该软件中可通过梯形图、指令表及 SFC 符号来编写 PLC 程序。创建的程序可在串行系统中与 PLC 进行通信、文件传送、操作监控以及完成各种测试功能。

1) 梯形图总体框图

图 5-2-4 所示为该控制系统的 PLC 梯形图程序的总体结构，它将程序分为公用程序、回原点程序、主轴控制

图 5-2-4　PLC 梯形图程序的总体结构

程序、坐标轴控制程序、报警处理程序、定时润滑控制程序、冷却程序、自动换刀控制程序八个部分。

最大限度地满足被控对象的控制要求，是 PLC 应用程序设计的一大原则。在构思出这个程序主体的框架后，接下来就是以它为主线，逐一编写各子程序。

2）辅助功能 M 代码 PMC 控制

辅助系统梯形图如图 5-2-5 所示。

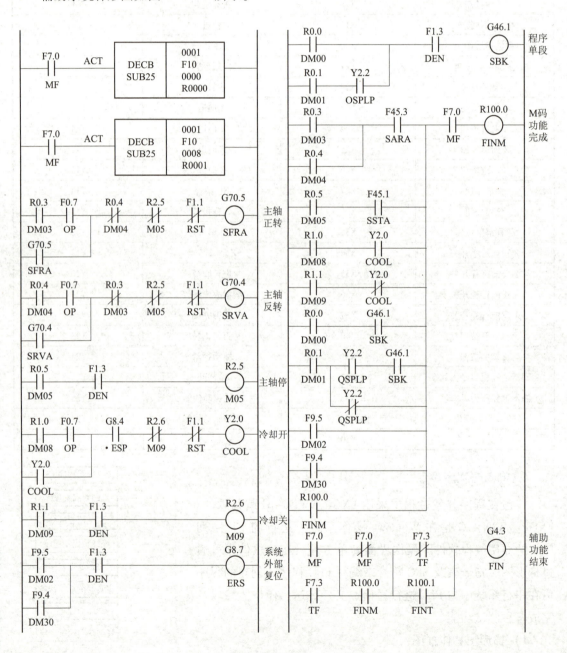

图 5-2-5　辅助系统梯形图

五、数控车床 PLC

在数控车床中，位置控制是由位置控制器来实现的。而其他的大部分动作即辅助机械动作的控制如主轴启停、换向，换刀控制、冷却和润滑系统的运行以及报警监测等功能则可由可编程序控制器（PLC）来实现。

1. 数控车床 PLC 的信息传递

通过 PLC 来实现车床电气控制系统的各项功能，需要将各种控制和检测信号通过按钮和检测元件输入 PLC，再通过 PLC 内部程序的运算将结果输出到各种执行设备，完成电气控制系统对于车床的控制。这涉及 PLC 与数控装置、机床之间的信息交换。可编程序控制器与 CNC 机床的强电、CNC 数控装置 I/O 口的连接可归纳为下列三部分：

1）PLC 输入输出端与机床面板信号连接

CNC 数控机床操作面板上有按钮、旋钮开关和指示灯等，按钮、旋钮开关直接与可编程序控制器的输入端接线柱相连，指示灯直接与 PLC 输出端接线柱相连。

2）PLC 输出端与机床强电信号连接

PLC 在 CNC 机床中的主要作用是控制强电部分，如主控电源、伺服电源、刀架电动机正转、润滑电动机等。每个电动机的运行程序控制逻辑都固化在 PLC 中，受机床操作面板开关和数控系统软件的控制。

3）PLC 输入端与 CNC 机床数控装置 I/O 口的连接

可编程序控制器输出端的通断是由其输入端通断状态及梯形图程序决定的，CNC 机床数控装置与可编程序控制器的连接是通过软开关直接控制 PLC 输入端的通断，以决定 PLC 输出端的状态。从数控装置 I/O 口的信息流向分析，可以分为两种情况：一是数控装置从 I/O 口输出指令，控制 PLC 完成相应的动作；另一种是检测 PLC 输入口的开关状态，数控装置的 I/O 口是输入信号，数控装置根据输入信号的性质做出相应的控制。

2. 数控车床中 PLC 的功能

1）PLC 对辅助功能的处理

目前，数控机床程序中，有关机床坐标系约定、准备功能、辅助功能、刀具功能及程序格式等方面已趋于统一，形成了统一的标准，即所谓的 CNC 机床 ISO 代码。归纳起来有 4 种功能：第一种是准备功能，即所谓的 G 代码；第二种是辅助功能，即所谓的 M 代码；第三种是刀具功能，即所谓的 T 代码；第四种是转速功能，即所谓的 S 代码。其中，G 功能主要与联动坐标轴驱动有关，是通过 CPU 控制数控装置的 I/O 接口实现的；M 功能主要控制机床强电部分，包括主轴换向、冷却液开关等功能；T 功能与刀具的选择和补偿有关。

（1）M 功能的处理：M 指令主要有 M02（程序停止）、M03（主轴顺时针旋转）、M04（主轴逆时针旋转）、M05（主轴停止）、M06（准备换刀）等。其中一部分是由数控系统本身的硬件和软件来实现的，还有一部分需要数控装置与 PLC 相结合来实现。

（2）T 功能的处理：在 PLC 上实现的主要是刀具选择。当遇到包含某个刀具编码的换刀指令时，对应的数控装置 I/O 口变成高电平，数控系统将 T 代码指令输送给 PLC，PLC 经过译码指令进行译码后，检索刀号，然后控制换刀装置进行换刀。

（3）S功能的处理：S功能主要完成对主轴转速的控制，常用的有代码法和直接指定法。代码法是S后面跟两位数字，这些数字不直接表示主轴转速的大小，而是机床主轴转速数列的序号；直接指定法是S后面直接就是主轴转速的大小，例如S1500表示主轴转速是1 500 r/min。

2）PLC的控制对象

数控系统可以分为两部分：控制伺服电动机和主轴电动机动作系统部分的NC和控制辅助电气部分的PLC。数控机床PLC主要完成数控机床的顺序控制，包括对NC、机床及操作面板传来的信号进行处理，实施急停及超程信号的监控，并且完成对主轴、刀架、冷却、润滑等功能的控制。

（1）操作信号处理：接收操作面板上的信号和NC部分传来的数控信号以控制数控系统的运行。

（2）主轴控制：控制主轴的启动、停止及正反转。

（3）坐标轴控制：控制坐标轴的伺服驱动及限位开关等。

（4）换刀控制：实现对程序换刀的控制。

（5）冷却控制：实现程序控制冷却系统的启动、停止。

（6）润滑控制：实现定时润滑的控制。

3. 用PLC实现车床电气控制系统的功能

从本质上讲，基于PLC的机床电气控制系统对机床的控制思路仍然与继电器—接触器控制系统是一致的，只是在控制手段上采用了先进的控制设备。

PLC控制系统的优点在于根据加工工艺要求的不同，相应地修改程序就可以实现。车床电气控制系统属于广泛的应用系统，不针对特殊的加工工艺。因此PLC内部的程序只需要对每个控制按钮发出的信号做出相应的动作即可。

通过PLC来实现车床电气控制系统的各项功能，需要将各种控制和检测信号通过按钮和检测元件输入PLC，再通过PLC内部程序的运算将结果输出到各种执行设备，完成电气控制系统对于车床的控制。每个功能的输入信号都可以通过控制面板上的按钮进行操作，输出则可以通过接触器、电磁阀等执行机构完成。基于PLC的车床电气控制系统功能分解如图5-2-6所示。

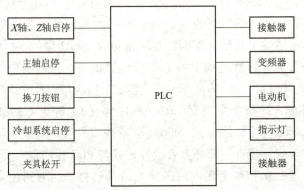

图5-2-6　PLC车床电气控制系统功能分解

项目五 数控机床辅助系统控制

4. 利用 PLC 代替继电器—接触器控制方式的优越性

1) 可维护性好

采用 PLC 进行控制后,由于采用了专用芯片及集成电路,提高了集成度,减少了元器件数量,机床控制电路的接线量大为减少,故障率大大降低。可维护性好,基本上无须维护。

2) 可靠性高

PLC 的平均无故障工作时间高达 300 000 h(约 34.2 年),所以其可靠性高。而采用继电器—接触器控制方式机床的控制则因为存在大量机械触点,工作电压和工作电流较大,可靠性较差。

3) 提高机床柔性

当机床加工程序发生变化时,只需要修改 PLC 的程序就可以进行新的加工,更改较方便,机床的柔性很好。

4) 性价比高

交流接触器的额定寿命为 800~1 600 h,远低于 PLC,再考虑到因更换坏掉的接触器所耽误的工时,从经济性角度来看,用 PLC 也是很合算的(PLC 价格与 I/O 点数成正比,而机床所要用的 I/O 点数并不多)。

5) 可联网通信

由于 PLC 具有通信功能,采用可编程序控制器进行机床改造后,可以与其他智能设备联网通信,在今后的进一步技术改造升级中,可根据需要联入工厂自动化网络中,提高工厂自动化水平。

任务实施

以 CAK4085di 数控车床为例,完成其冷却泵电气控制系统分析和梯形图分析。

1. 分析冷却控制系统的组成

数控车床冷却系统的组成:手动按钮(或自动程序)→PMC 冷却梯形图→电气驱动→触发信号→处理信号→执行信号。

2. 分析冷却控制系统

CAK4085di 数控车床冷却泵电气控制电路如图 5-2-7 所示。

1) 冷却泵主电路分析

控制电路中 KM3 交流接触器线圈通电,在冷却泵主电路中交流接触器 KM3 主触点吸合,冷却电动机旋转,带动冷却泵工作。

2) 冷却泵控制电路分析

当有手动或自动冷却指令时,由系统中 PLC 输出通过 I/O 模块接口 Y2.0 有效,KA1 继电器线圈通电,继电器常开触点闭合,KM3 交流接触器线圈通电,在冷却泵主电路中交流接触器 KM3 主触点吸合。

3）冷却控制梯形图分析

冷却是根据加工任务来选用的，通过操作面板上的冷却启动和停止按钮来进行控制。在急停生效时，冷却输出禁止。冷却控制梯形图如图 5-2-8 所示。

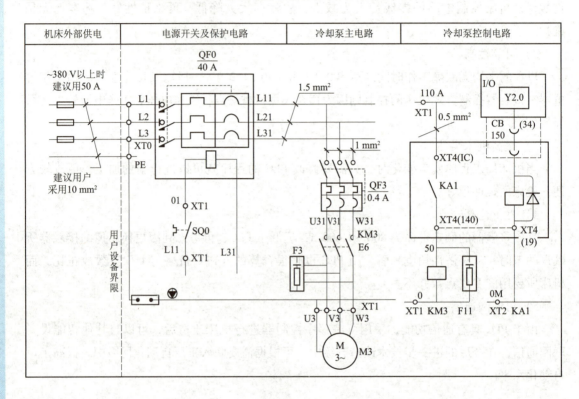

图 5-2-7　数控车床冷却泵电气控制电路

图 5-2-8　冷却控制梯形图

任务评价

根据任务完成过程中的表现，填写表 5-2-2。

项目五 数控机床辅助系统控制

表 5-2-2 任务评价

项目	评价要素	评价标准	自我评价	小组评价	综合评价
知识准备	资料准备	参与资料收集、整理，自主学习			
	计划制订	能初步制订计划			
	小组分工	分工合理，协调有序			
任务过程	分析冷却控制系统的组成	操作正确，熟练程度			
	冷却泵主电路分析	操作正确，熟练程度			
	冷却泵控制电路分析	操作正确，熟练程度			
	冷却控制梯形图分析	操作正确，熟练程度			
拓展能力	知识迁移	能实现前后知识的迁移			
	应变能力	能举一反三，提出改进建议或方案			
学习态度	主动程度	自主学习主动性强			
	合作意识	协作学习能与同伴团结合作			
	严谨细致	仔细认真，不出差错			
	问题研究	能在实践中发现问题，并用理论知识解决实践中的问题			
	安全规程	遵守操作规程，安全操作			

任务拓展

润 滑 系 统

1. 数控机床润滑系统的电气控制要求

（1）首次开机时，自动润滑 15 s。

（2）机床运行时，达到间隔固定时间自动润滑一次，而且润滑间隔时间可由用户通过 PMC 参数进行调整。

（3）加工过程中，可通过机床操作面板上的润滑手动开关控制。

（4）润滑油过低时，系统出现报警提示，系统不能循环启动。

2. 润滑系统电气控制线路分析

CAK4085di 数控车床润滑系统电气控制电路如图 5-2-9 所示。启动机床润滑泵开关，由数控系统 PMC 通过 I/O 模块控制输出接口 Y2.6 有效时，输出继电器 KA7 线圈获电，常开触点闭合，集中润滑装置（润滑泵）接通 220 V 电源，机床实现润滑控制。SL10 为润滑系统油面下限检测开关，通过 I/O 模块的输入口 X7.7 输入系统润滑油过低报警信号。当润滑油过低时，X7.7 有效，系统出现报警提示，并通过 PMC 切断机床循环启动回路。

3. 润滑系统的故障分析

故障：数控车床润滑泵不工作。

数控车床润滑泵不工作的故障分析和诊断流程如图 5-2-10 所示。

223

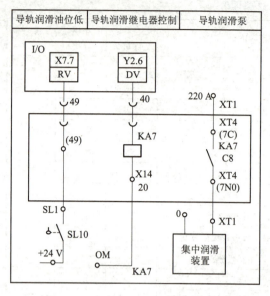

图 5-2-9　数控车床润滑系统电气控制电路

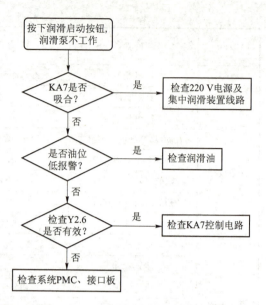

图 5-2-10　数控车床润滑泵不工作的故障分析和诊断流程

任务三　数控机床冷却控制系统安装

任务描述

认知数控机床的冷却系统控制原理，熟悉各元器件的功能和接线方法，掌握冷却控制系统的电气安装。

知识链接

一、各元器件的功能和接线方法

1. 按钮开关

按钮开关实际上是一种利用按钮来推动传动机构，使动触点和静触点接通或者是断开并且实现电路换接的一种开关，如图 5-3-1 所示。按钮开关结构十分简单，应用广泛，在电气自动控制的电路中，常用于手动发出控制信号，以控制接触器、继电器和电磁启动器等。

一般情况下按钮开关有两对触点，每一对都有一个常开

图 5-3-1　按钮开关

触点和常闭触点。当按下按钮时,两对触点都能够同时产生动作,常闭触点会断开,而常开触点则会闭合。

2. 低压断路器

1)原理

低压断路器,全称自动空气断路器,也称空气开关,是一种常用的低压保护电器,可实现短路、过载等功能。原理是:在工作电流超过额定电流、短路、失压等情况下自动切断电路。常见的断路器实物如图5-3-2所示。

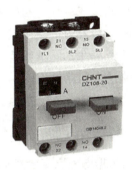

图5-3-2 断路器实物

2)分类

低压断路器的分类方式有很多,按使用类别分,有选择型(保护装置参数可调)和非选择型(保护装置参数不可调);按灭弧介质分,有空气式和真空式(目前国产的多为空气式)。

3)型号/规格

目前使用DZ系列的空气开关,常见的有以下型号/规格:C16、C25、C32、C40、C63等,其中C表示脱扣电流,即起跳电流,例如C32表示起跳电流为32 A,一般安装6 500 W热水器要用C32,安装7 500 W、328 500 W热水器要用C40的空气开关。(注:功率÷电压=安培,即6 500 W÷220 V=29.55 A≈32 A)

4)断路器(空气开关)的极性和表示方法

① 单极:220 V,切断火线。

② 双极:220 V,火线与零线同时切断。

③ 三级:380 V,三相线全部切断。

④ 四级:380 V,三相火线一相零线全部切断。

5)接线方式

断路器的接线方式有板前、板后、插入式、抽屉式,用户如无特殊要求,均按板前供货,板前接线是常见的接线方式。

(1)板后接线方式:板后接线的最大特点是可以在更换或维修断路器时,不必重新接线,只须将前级电源断开。由于该结构特殊,产品出厂时已按设计要求配置了专用安装板和安装螺钉及接线螺钉。需要特别注意的是,由于大容量断路器接触的可靠性将直接影响断路器的正常使用，因此安装时必须给予重视，严格按照制造厂的要求进行安装。

（2）插入式接线方式：在成套装置的安装板上，先安装一个断路器的安装座，安装座上有6个插头，断路器的连接板上有6个插座。安装座的面上有连接板或安装座后有螺栓，安装座预先接上电源线和负载线。使用时，将断路器直接插进安装座。如果断路器坏了，只要拔出坏的，换上一只好的即可。它的更换时间比板前、板后接线要短，且方便。由于插、拔需要一定的人力，因此目前我国的插入式产品，其壳架电流限制在最大400 A，从而节省了维修和更换时间。插入式断路器在安装时应检查断路器的插头是否压紧，并应将断路器安全紧固，以减少接触电阻，提高可靠性。

（3）抽屉式接线方式：断路器的进出抽屉是由摇杆顺时针或逆时针转动的，在主回路和二次回路中均采用了插入式结构，省略了固定式所必需的隔离器，做到了一机二用，提高了使用的经济性，同时给操作与维护带来了很大的方便，增加了安全性、可靠性。特别是抽屉座的主回路触刀座，可与NT型熔断器触刀座通用，这样在应急状态下可直接插入熔断器供电。

3. 冷却泵电动机

电机是指依据电磁感应定律实现电能转换或传递的一种电磁装置。

电动机在电路中用字母M（旧标准用D）表示，它的主要作用是产生驱动转矩，作为用电器或各种机械的动力源。发电机在电路中用字母G表示，它的主要作用是将机械能转化为电能。

电动机的作用就是提供动力，驱动机械设备运转，冷却泵就是驱动泵叶轮旋转。冷却泵电动机实物如图5-3-3所示。

4. 接触器

接触器是用来频繁接通和切断电动机或其他负载主电路的一种自动切换电器，在机床电气控制系统中应用广泛。常见的接触器实物如图5-3-4所示。

接触器种类较多，按其主触点通过电流的性质，可分为交流接触器和直流接触器；按其主触点的极数（即主触点的个数）来分，直流接触器则有单极和双极两种，交流接触器有三极、四极和五极三种。在机床控制方面以交流接触器应用最为广泛。

图5-3-3 冷却泵电动机实物

(a)

(b)

图5-3-4 接触器实物

5. 继电器

继电器是一种根据外界输入信号（电信号或非电信号）来控制电路接通或断开的自动电器，主要用于控制自动化装置、线路保护或信号切换，是现代机床自动控制系统中最基础的电气元件之一。由于触点通过的电流较小，所以继电器没有灭弧装置。常见的继电器实物如图 5-3-5 所示。

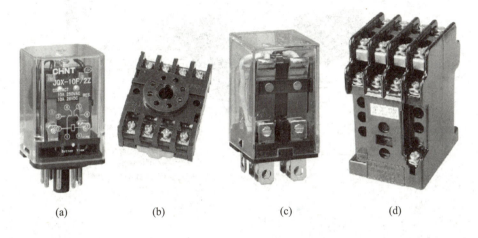

(a)　　　　　(b)　　　　　(c)　　　　　(d)

图 5-3-5　继电器实物

多数 8 脚继电器是 2 脚接线圈，另外 6 脚分两组，分别由三个脚组成一个常开触点、一个常闭触点和一个公共端。继电器上应该有接线图，显示哪两个脚是接线圈的正、负，哪些脚是对应的开闭触点。具体线路连接要看需要常开触点还是常闭触点。直流线圈要看好电源的正、负。8 脚继电器接线如图 5-3-6 所示。

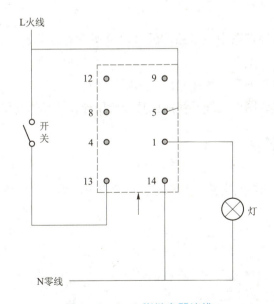

图 5-3-6　8 脚继电器接线

注：13、14 是线圈，1、5、9 是一组，1—5 是常开触点，1—9 是常闭触点，4、8、12 是另一组。

继电器的接线如图 5-3-7 所示。

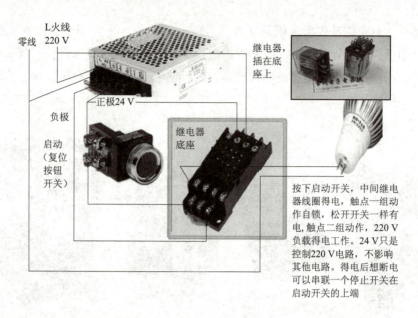

图 5-3-7　继电器接线

二、电气接线图中电气设备、装置和控制元件位置安装常识

（1）出入端子处理——安排在配电盘下方或左侧。
（2）控制开关位置——一般安排在配电盘下方位置（左上方或右下方）。
（3）熔断器处理——安排在配电盘的上方位置。

三、电气接线图的识图步骤和方法

（1）分析清楚电气原理图中主电路和辅助电路所含有的元器件，弄清楚每个元器件的动作原理。
（2）弄清楚电气原理图和电气接线图中元器件的对应关系。
（3）弄清楚电气接线图中接线导线的根数和所用导线的具体规格。

任务实施

在识读数控车床冷却控制电路的基础上，参照以下步骤，完成数控车床冷却控制系统的电气安装接线。

1. 识读冷却控制系统的电气原理图

2. 绘制冷却控制系统的电气安装接线图

1）电气安装图

电气安装图是用来表明电气原理图中各元器件实际安装位置的，可视电气控制系统复杂程度采取集中绘制或单独绘制。

电气元件的布置应注意以下几方面：

（1）体积大和较重的电气元件应安装在电气安装板的下面，而发热元件应安装在电气安装板的上面。

（2）强电、弱电应分开，弱电应屏蔽，防止外界干扰。

（3）需要经常维护、检修、调整的电气元件安装位置不宜过高或过低。

（4）电气元件的布置应考虑整齐、美观、对称。外形尺寸与结构类似的电气元件安装在一起，以利于安装和配线。

（5）电气元件布置不宜过密，应留有一定间距。如用走线槽，应加大各排电器间距，以利于布线和维修。

2）电气接线图

电气接线图主要用于电器的安装接线、线路检查、线路维修和故障处理，通常接线图与电气原理图和元件安装图一起使用。

电气接线图的绘制原则是：

（1）各电气元件均按实际安装位置绘出，元件所占图面按实际尺寸以统一比例绘制。

（2）一个元件中所有的带电部件均画在一起，并用点画线框起来，即采用集中表示法。

（3）各电气元件的图形符号和文字符号必须与电气原理图一致，并符合国家标准。

（4）各电气元件上凡是需接线的部件端子都应绘出，并予以编号，各接线端子的编号必须与电气原理图上的导线编号相一致。

（5）绘制安装接线图时，走向相同的相邻导线可以绘成一股线。

3. 元器件的选用

1）低压断路器

低压断路器常用来做电动机的过载与短路保护。

（1）低压断路器的主要技术数据。

①额定电压。

②断路器额定电流。

③断路器壳架等级额定电流。

④断路器的通断能力。

⑤保护特性。

（2）低压断路器的选择原则。

①断路器额定电压等于或大于线路额定电压。

②断路器额定电流等于或大于线路或设备额定电流。

③断路器通断能力等于或大于线路中可能出现的最大短路电流。

④欠压脱扣器额定电压等于线路额定电压。

⑤分励脱扣器额定电压等于控制电源电压。

⑥长延时电流整定值等于电动机额定电流。

⑦瞬时整定电流：对保护笼型感应电动机的断路器，瞬时整定电流为 8～15 倍电动机额定电流对于保护绕线型感应电动机的断路器，瞬时整定电流为 3～6 倍电动机额定电流。

⑧6 倍长延时电流整定值的可返回时间等于或大于电动机实际启动时间。

2）接触器

接触器是一种用于中远距离频繁地接通与断开交直流主电路及大容量控制电路的一种自动开关电器。

（1）接触器的主要技术参数：极数和电流种类、额定工作电压、额定工作电流（或额定控制功率）、额定通断能力、线圈额定电压、允许操作频率、机械寿命和电寿命、接触器线圈的启动功率和吸持功率、使用类别等。

（2）接触器的选用。

①接触器极数和电流种类的确定。

②根据接触器所控制负载的工作任务来选择相应使用类别的接触器。

③根据负载功率和操作情况来确定接触器主触点的电流等级。

④根据接触器主触点接通与分断主电路电压等级来决定接触器的额定电压。

⑤接触器吸引线圈的额定电压应由所接控制电路电压确定。

⑥接触器触点数和种类应满足主电路和控制电路的要求。

3）继电器

继电器在各种控制电路中用来进行信号传递、放大、转换、联锁等，控制主电路和辅助电路中的器件或设备按预定的动作程序进行工作，实现自动控制和保护的目的。

（1）继电器的主要参数：额定参数、动作参数、整定值、返回参数、动作时间。

（2）电磁式继电器的选用。

①使用类别的选用。

②额定工作电流与额定工作电压的选用。

③工作制的选用。

④继电器返回系数的调节。

4. 冷却系统的电气安装

（1）主电路的连接。

（2）控制电路的连接。

根据任务完成过程中的表现，填写表 5-3-1。

表 5-3-1 任务评价

项目	评价要素	评价标准	自我评价	小组评价	综合评价
知识准备	资料准备	参与资料收集、整理，自主学习			
知识准备	计划制订	能初步制订计划			
知识准备	小组分工	分工合理，协调有序			
任务过程	识读冷却控制系统的电气原理图	操作正确，熟练程度			
任务过程	绘制冷却控制系统的电气安装接线图	操作正确，熟练程度			
任务过程	元器件的选用	操作正确，熟练程度			
任务过程	主电路的连接	操作正确，熟练程度			
任务过程	控制电路的连接	操作正确，熟练程度			
拓展能力	知识迁移	能实现前后知识的迁移			
拓展能力	应变能力	能举一反三，提出改进建议或方案			
学习态度	主动程度	自主学习主动性强			
学习态度	合作意识	协作学习能与同伴团结合作			
学习态度	严谨细致	仔细认真，不出差错			
学习态度	问题研究	能在实践中发现问题，并用理论知识解决实践中的问题			
安全规程		遵守操作规程，安全操作			

任务拓展

热 继 电 器

1. 热继电器的结构及工作原理

热继电器由双金属片、热元件、触点系统及推杆、人字形拨杆、弹簧、整定值调节轮、复位按钮等组成，其实物如图 5-3-8 所示。

热继电器主要用来对异步电动机进行过载保护，它的工作原理是过载电流通过热元件后，使双金属片加热弯曲，推动动作机构带动触点动作，从而将电动机控制电路断开实现电动机断电停车，起到过载保护的作用。鉴于双金属片受热弯曲过程中，热量的传递需要较长的时间，因此，热继电器不能用作短路保护，而只能用作过载保护。

2. 热继电器的技术参数

（1）额定电压：热继电器能够正常工作的最高电压值一般为交流 220 V、380 V、600 V。

（2）额定电流：热继电器的额定电流主要是指通过热继电

图 5-3-8 热继电器实物

器的电流。

（3）额定频率：一般而言，其额定频率按照 45~62 Hz 设计。

（4）整定电流范围：整定电流的范围由本身的特性来决定。它描述的是在一定的电流条件下热继电器的动作时间和电流的平方成反比。

3. 热继电器的选用

热继电器主要用于保护电动机的过载、断相保护及三相电源不平衡的保护，对电动机有着很重要的保护作用。因此选用时必须了解电动机的情况，如工作环境、启动电流、负载性质、工作制、允许过载能力等。

（1）长期稳定工作的电动机，可按电动机的额定电流选用热继电器。取热继电器整定电流的 0.95~1.05 倍或中间值等于电动机额定电流。使用时要将热继电器的整定电流调至电动机的额定电流值。

（2）应考虑电动机的绝缘等级及结构。由于电动机绝缘等级不同，其容许温升和承受过载的能力也不同。在同样条件下，绝缘等级越高，过载能力就越强。即使所用绝缘材料相同，但由于电动机结构不同，在选用热继电器时也应有所差异。例如，封闭式电动机散热比开启式电动机差，其过载能力比开启式电动机低，热继电器的整定电流应选为电动机额定电流的 60%~80%。

（3）应考虑电动机的启动电流和启动时间。

电动机的启动电流一般为额定电流的 5~7 倍。对于不频繁启动、连续运行的电动机，在启动时间不超过 6 s 的情况下，可按电动机的额定电流选用热继电器。

（4）若用热继电器做电动机缺相保护，应考虑电动机的接法：对于 Y 形接法的电动机，当某相断线时，其余未断相绕组的电流与流过热继电器电流的增加比例相同。一般的三相式热继电器，只要整定电流调节合理，是可以对 Y 形接法的电动机实现断相保护的。对于 △ 形接法的电动机，其相断线时，流过未断相绕组的电流与流过热继电器的电流增加比例不同。也就是说，流过热继电器的电流不能反映断相后绕组的过载电流，因此，一般的热继电器，即使是三相式，也不能为 △ 形接法的三相异步电动机的断相运行提供充分保护。此时，应选用 JR20 型或 T 系列这类带有差动断相保护机构的热继电器。

（5）应考虑具体工作情况。若要求电动机不允许随便停机，以免遭受经济损失，则只有发生过载事故时，方可考虑让热继电器脱扣。此时，选取的热继电器整定电流应比电动机的额定电流偏大一些。

任务四　数控机床冷却控制系统调试

　任务描述

读懂数控机床的冷却控制系统原理图，熟悉冷却控制 PLC 程序，能够完成冷却控制系统的调试。

知识链接

一、PLC 调试

调试是 PLC 控制程序开发过程中的一个重要环节。

1. 输入程序

根据型号的不同，PLC 有多种程序输入方法，例如，在 PLC 上本地输入、通过数控系统输入、通过外部专用编程器输入、通过 PLC 提供的基于 PC 的软件在外部 PC 上输入。多数 PLC 都提供 PC 编程输入功能。

2. 检查电气线路

如果电气线路安装有误，不仅会严重影响 PLC 程序的调试进度，而且有可能损坏元器件。因此，调试前应该仔细检查整个系统的电气线路，特别是电源部分。若系统是分模块设计调试的，也可以只检查准备调试的模块部分的电气线路。

3. 模拟调试

正如前述，PLC 处在数控系统与机床电气之间，起着承上启下的作用，如果 PLC 指令有误，即使电气线路没有错误，也有可能引起事故，损坏设备。例如主轴采用齿轮传动时，若齿轮啮合未到位，强行长时间运行主轴，有可能损坏传动齿轮。因此，在 PLC 实际应用调试前应先进行模拟调试。

模拟调试可以采用系统提供的模拟台调试，也可以在关闭系统强电的条件下模拟调试，例如，关闭主轴强电空气开关，那么调试中即使 PLC 动作有误，由于主轴电动机不会实际运转，所以也不会引起事故。

对于输入信号，如主轴挡到位回答信号、刀具夹紧到位回答信号等，可以采用人工输入的方式模拟，按照预定设计的顺序逐步调试，观察输出信号及其控制的执行电器是否按预定规律动作。

4. 运行调试

接通功率器件的动力，如电动机及其驱动器的强电、气压、液压等，按照实际运行的需要调试，在运行调试中要注意电气与机械的配合。

5. 非常规调试，验证安全保护和报警的功能

按照与设计功能不同的顺序输入或输出信号，例如刀具松的状态下，按下主轴启动按钮，或在主轴运行中按下刀具松开按钮，观察 PLC 设计的保护功能是否有效。

运行中接入各单位的报警信号，观察 PLC 程序是否能正确地报警并保护相应的单元。例如在主轴运行中，接入主轴过热信号，观察 PLC 是否能报警，并同时停止主轴和刀具进给。

这部分工作一般也分为模拟调试和运行中调试两步，以防保护功能失效而损坏器件和设备。

6. 安全检查并投入考验性试运行

待一切正常后可将程序固化到 PLC 存储器中，并作备份和详细文档，说明程序的功能和使用方法等信息。

二、程序的调试方法

1. 程序的模拟调试

将设计好的程序写入 PLC 后，首先逐条仔细检查，并改正写入时出现的错误。用户程序一般先在实验室模拟调试，实际的输入信号可以用旋钮开关和按钮来模拟，各输出量的通/断状态用 PLC 上有关的发光二极管来显示，一般不用接 PLC 实际的负载（如接触器、电磁阀等）。

可以根据功能表图，在适当的时候用开关或按钮来模拟实际的反馈信号，如限位开关触点的接通和断开。对于顺序控制程序，调试程序的主要任务是检查程序的运行是否符合功能表图的规定，即在某一转换条件实现时，是否发生步的活动状态的正确变化，即该转换所有的前级步是否变为不活动步，所有的后续步是否变为活动步，以及各步被驱动的负载是否发生相应的变化。

在调试时应充分考虑各种可能的情况，对系统各种不同的工作方式、有选择序列的功能表图中的每一条支路、各种可能的进展路线，都应逐一检查，不能遗漏。发现问题后应及时修改梯形图和 PLC 中的程序，直到在各种可能的情况下输入量与输出量之间的关系完全符合要求。

如果程序中某些定时器或计数器的设定值过大，为了缩短调试时间，可以在调试时将它们减小，模拟调试结束后再写入它们的实际设定值。在设计和模拟调试程序的同时，可以设计、制作控制台或控制柜，PLC 之外的其他硬件的安装、接线工作也可以同时进行。

2. 程序的现场调试

程序的现场调试是将机床、CNC 装置、PLC 装置和编程设备连接起来进行的整机机电运行调试，可以发现和纠正顺序程序的错误，可以检查机床和电气线路的设计、制造、安装以及机电元器件品质可能存在的问题。

完成上述工作后，将 PLC 安装在控制现场进行联机总调试，在调试过程中将暴露出系统中可能存在的传感器、执行器和硬接线等方面的问题，以及 PLC 的外部接线图和梯形图程序设计中的问题，应对出现的问题及时加以解决。如果调试达不到指标要求，则对相应硬件和软件部分作适当调整，通常只需要修改程序就可能达到调整的目的。全部调试通过后，经过一段时间的考验，系统就可以投入实际运行了。

三、冷却故障分析与诊断流程

数控车床冷却泵不工作的故障分析与诊断流程如图 5-4-1 所示。

项目五　数控机床辅助系统控制

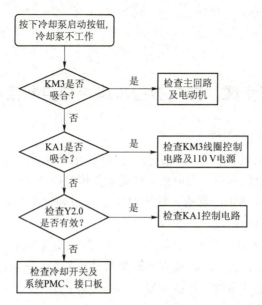

图 5-4-1　数控车床冷却泵不工作的故障分析与诊断流程

四、冷却故障分析应用实例

故障现象 1：开机后按下冷却按钮后，电动机不转，冷却灯依然亮，系统无任何报警显示。

快速定位故障：首先检查 PLC 输出，发现正常；然后检查冷却电动机，发现未得电；打开电气控制柜，发现主电路接线是正常的，检查电气元件的状态，仔细观察各元件的运行状态，发现热继电器跳闸，其原因是冷却电动机长时间工作导致的过载。

解决办法：按下热继电器按钮，重新运行机床，机床正常运转。故障解除。

故障现象 2：开机后按下冷却按钮后，不能喷出冷却液，冷却灯依然亮，系统上无任何故障报警显示。

快速定位故障：机床开机后，按下冷却按钮，冷却灯亮，说明冷却的 PLC 部分工作正常，可排除 PLC 部分发生故障的可能；然后检测冷却电动机得电是否正常。用万用表测量主电路，主电路得电，说明冷却电动机出现故障；检查冷却电动机的绕组电阻值是否正常，由此可判断电动机的线圈被烧掉。检查电动机部分，拆开电动机后发现电动机的线圈被烧，导致电阻值不正常。

解决办法：重新安装一个电动机，故障解除。

五、冷却系统保养维修注意事项

（1）保证主轴冷却液箱中的冷却液充足和合格，否则应及时添加和更换。
（2）保证切削液箱中的切削液充足和合格，否则应及时添加和更换。
（3）随时检查切削液箱中的滤网能否正常工作。
（4）随时检查切削液箱、主轴冷却液箱和电动机是否正常工作。
（5）冷却液：使用加入防锈添加剂的水溶液。
（6）切削液：可使用切削油、机油、乳化液、用 15~20 倍水稀释的乳化油。

参照以下步骤，完成数控车床冷却控制系统的调试

1. 冷却控制系统的调试过程

（1）检查接线，核对地址。要逐点进行，要确保正确无误。可不带电核对，但查线较麻烦。也可带电查，加上信号后，看电控系统的动作情况是否符合设计目的。

（2）检查模拟量输入输出。看输入输出模块是否正确、工作是否正常。必要时，还可用标准仪器检查输入输出的精度。

（3）检查与测试指示灯。控制面板上如有指示灯，应先对应指示灯的显示进行检查。一方面查看灯是否被损坏，另一方面检查逻辑关系是否正确。指示灯是反映系统工作的一面镜子，先调好它，将给进一步调试提供方便。

（4）检查手动动作及手动控制逻辑关系。完成了以上调试，继而可进行手动动作及手动控制逻辑关系调试。要查看各个手动控制的输出点是否有相应的输出以及与输出对应的动作，然后再看各个手动控制是否能够实现。如有问题，立即解决。

（5）半自动工作。如果系统可自动工作，那就先检查半自动工作能否实现。调试时可一步步推进，直至完成整个控制周期。哪个步骤或环节出现问题，就着手解决哪个步骤或环节的问题。

（6）自动完成半自动调试后，可进一步调试自动工作。要多观察几个工作循环，以确保系统正确无误地连续工作。

（7）模拟量调试，参数确定。以上调试的都是逻辑控制的项目，这是系统调试时首先要调通的。这些调试基本完成后，可着手调试模拟量、脉冲量控制。最主要的是选定合适的控制参数。

（8）异常条件检查。完成上述所有调试后，整个调试也就基本完成了，但是最好再进行一些异常条件检查。看看出现异常情况或一些难以避免的非法操作是否会有停机保护或报警提示。

2. 冷却系统电气调试

（1）手动模式和自动模式（M08、M09）下能实现冷却液的启动和停止。

检验程序：　　　　O0001；
　　　　　　　　　M08；（冷却液开）
　　　　　　　　　G04 X5；（暂停5 s）
　　　　　　　　　M09；（冷却液关）
　　　　　　　　　M30；

（2）冷却电动机按标示方向旋转。

（3）注意事项。

① 通电许可。未经允许，严禁组内同学私自上电；电气组装完成后，经组长和指导教师分别检测确认后，方可通电调试。

② 组长负责制。组长记录任务实施中发现的问题；分派小组成员职责，通力协作完成任务。

③ 整理。工具、材料使用完毕后及时整理，摆放整齐。

任务评价

根据任务完成过程中的表现，填写表 5-4-1。

表 5-4-1 任务评价

项目	评价要素	评价标准	自我评价	小组评价	综合评价
知识准备	资料准备	参与资料收集、整理，自主学习			
	计划制订	能初步制订计划			
	小组分工	分工合理，协调有序			
任务过程	查线、核对地址	操作正确，熟练程度			
	模拟量输入输出、调试、参数确定	操作正确，熟练程度			
	检查与测试指示灯	操作正确，熟练程度			
	检查手动动作及手动控制逻辑关系	操作正确，熟练程度			
	半自动、自动工作	操作正确，熟练程度			
	冷却液的启动和停止	操作正确，熟练程度			
	冷却电动机旋转	操作正确，熟练程度			
拓展能力	知识迁移	能实现前后知识的迁移			
	应变能力	能举一反三，提出改进建议或方案			
学习态度	主动程度	自主学习主动性强			
	合作意识	协作学习能与同伴团结合作			
	严谨细致	仔细认真，不出差错			
	问题研究	能在实践中发现问题，并用理论知识解决实践中的问题			
	安全规程	遵守操作规程，安全操作			

任务拓展

电动机冷却方法代号

（1）电动机冷却方法代号主要由冷却方法标志（IC）、冷却介质的回路布置代号、冷却介质代号以及冷却介质运动的推动方法代号组成。格式为：IC + 回路布置代号 + 冷却介质代号 + 推动方法代号。

(2) 冷却方法标志是英文"国际冷却（International Cooling）"的字母缩写，用 IC 表示。

(3) 冷却介质的回路布置代号用特征数字表示，常用的有 0、4、6、8 等。它们的含义如表 5-4-2 所示。

表 5-4-2　冷却介质的回路布置代号及含义

特征数字	含义	简述
0	冷却介质从周围介质直接地自由吸入，然后直接返回到周围介质（开路）	自由循环
4	初级冷却介质在电动机内的闭合回路内循环，并通过机壳表面把热量传递到周围环境介质。机壳表面可以是光滑的或带肋的，也可以带外罩以改善热传递效果	机壳表面冷却
6	初级冷却介质在闭合回路内循环，并通过装在电动机上面的外装式冷却器把热量传递给周围环境介质	外装式冷却器（用周围环境介质）
8	初级冷却介质在闭合回路内循环，并通过装在电动机上面的外装式冷却器，把热量传递给远方介质	外装式冷却器（用远方介质）

(4) 冷却介质代号如表 5-4-3 所示。

表 5-4-3　冷却介质代号

冷却介质	特征代号	冷却介质	特征代号
空气	A	二氧化碳	C
氢气	H	水	W
氮气	N	油	U

如果冷却介质为空气，则描述冷却介质的字母 A 可以省略，我国所采用的冷却介质基本上都为空气。

(5) 冷却介质运动的推动方法主要有四种，详见表 5-4-4。

表 5-4-4　冷却介质运动的推动方法

特征数字	含义	简述
0	依靠温度差促使冷却介质运动	自由对流
1	冷却介质运动与电动机转速有关，或因转子本身的作用，也可以是由转子拖运的整体风扇或泵的作用，促使介质运动	自循环
6	由安装在电动机上的独立部件驱动介质运动，该部件所需动力与主机转速无关，例如背包风机或风机等	外装式独立部件驱动
7	与电动机分开安装的独立的电气或机械部件驱动冷却介质运动，或是依靠冷却介质循环系统中的压力驱动冷却介质运动	分装式独立部件驱动

(6) 冷却方法代号的标记有简化标记法和完整标记法两种，应优先使用简化标记法，简化标记法的特点有，如果冷却介质为空气，则表示冷却介质代号的 A 在简化标记中可以省略；如果冷却介质为水，推动方式为 7，则在简化标记中数字 7 可以省略。

(7) 比较常用的冷却方式有 IC01、IC06、IC411、IC416、IC611、IC81W 等。

举例说明：IC411，完整标记法为 IC4A1A1。

"IC"为冷却方法标志；

"4"为冷却介质回路布置代号（机壳表面冷却）；

"A"为冷却介质代号（空气）；

第一个"1"为初级冷却介质推动方法代号（自循环）；第二个"1"为次级冷却介质推动方法代号（自循环）。

附　录

常见电气元件图形符号、文字符号一览

类别	名称	图形符号	文字符号	类别	名称	图形符号	文字符号
开关	单极控制开关		SA	位置开关	常开触点		SQ
	手动开关一般符号		SA		常闭触点		SQ
	三极控制开关		QS		复合触点		SQ
	三极隔离开关		QS	按钮	常开按钮		SB
	三极负荷开关		QS		常闭按钮		SB
	组合旋钮开关		QS		复合按钮		SB
	低压断路器		QF		急停按钮		SB
接触器	线圈操作器件		KM	热继电器	热元件		FR
	常开主触点		KM		常闭触点		FR
	常开辅助触点		KM	中间继电器	线圈		KA
	常闭辅助触点		KM		常开触点		KA

续表

类别	名称	图形符号	文字符号	类别	名称	图形符号	文字符号
时间继电器	通电延时（缓吸）线圈	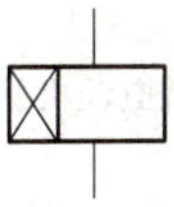	KT	电流继电器	常闭触点		KA
	断电延时（缓放）线圈	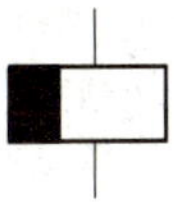	KT		过电流线圈	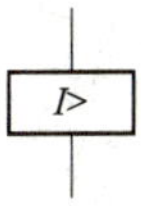 $I>$	KA
	瞬时闭合的常开触点		KT		欠电流线圈	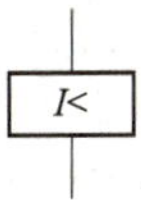 $I<$	KA
	瞬时断开的常闭触点		KT		常开触点		KA
	延时闭合的常开触点	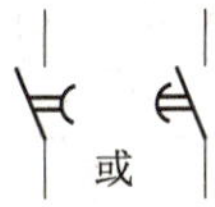 或	KT		常闭触点		KA
	延时断开的常闭触点	 或	KT	电压继电器	过电压线圈	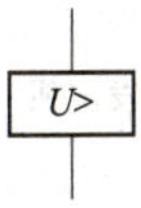 $U>$	KV
	延时闭合的常闭触点	 或	KT		欠电压线圈	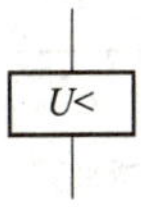 $U<$	KV
	延时断开的常开触点	 或	KT		常开触点		KV
灯	信号灯（指示灯）		HL		常闭触点		KV
	照明		EL	电动机	三相笼型异步电动机	 M 3~	M
非电量控制的继电器	速度继电器常开触点	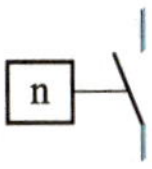 n	KS		三相绕线转子异步电动机	 M 3~	M
	压力继电器常开触点	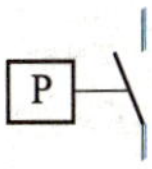 P	KP		他励直流电动机	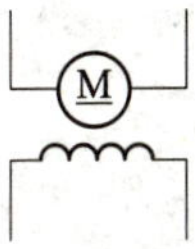 M	M

241

续表

类别	名称	图形符号	文字符号	类别	名称	图形符号	文字符号
接插器	插头和插座	或	X 插头 XP 插座 XS	电动机	并励直流电动机		M
变压器	单相变压器		TC		串励直流电动机		M
	三相变压器		TM	熔断器	熔断器		FU
发电机	发电机		G	变压器	单相变压器		TC
	直流测速发电机		TG		三相变压器		TM
互感器	电压互感器		TV	电感	电抗器		L
	电流互感器		TA				

参 考 文 献

[1] 李长军. 数控机床电气控制系统安装与调试 [M]. 北京：机械工业出版社，2017.
[2] 李宏盛，黄尚先. 机床数控技术及应用 [M]. 北京：高等教育出版社，2001.
[3] 龚仲华. 数控机床故障诊断与维修 [M]. 北京：高等教育出版社，2012.
[4] 王浔. 维修电工技能训练 [M]. 北京：机械工业出版社，2009.
[5] 葛金印. 数控设备管理和维护技术基础 [M]. 北京：高等教育出版社，2016.
[6] 翟雄翔. 机电设备装调与维护技术 [M]. 北京：中央广播电视大学出版社，2016.
[7] 林宋，白传栋，马梅. 现代数控机床及控制 [M]. 北京：化学工业出版社，2015.